LOCKHEED
F-104J/DJ STARFIGHTER

F-104J/DJ 写真集

Hobby JAPAN

LOCKHEED

F-104J/DJ STARFIGHTER

F-104J/DJ 写真集

CONTENTS

撮影／高橋泰彦

航空自衛隊初のジェット戦闘機となったノースアメリカンF-86Fは亜音速だったが、後継機として採用されたロッキードF-104J/DJは世界初のマッハ2の高速を誇る戦闘機で、F-86FとF-104Jのギャップは大きかった。エンピツのように鋭く尖った胴体とナイフのような薄い主翼を持つスタイルは「最後の有人戦闘機」というキャッチフレーズにふさわしい機体で、要撃戦闘機として開発されたが本家アメリカ空軍では少数機が採用されたのみに終わった。しかし、NATO諸国やアジア諸国など多くの空軍で採用され、航空自衛隊は本来の要撃任務に加え戦闘機戦闘（ACM）戦法なども積極的に研究、後に導入されたF-15Jとの異機種戦闘訓練（DACT）では、F-15を撃墜した記録も残されている。当時、自衛隊が導入した機体には独自の愛称が与えられ、F-104は「栄光」と呼ばれたが、隊員や飛行機ファンには「マルヨン」と呼ばれるのが一般的だった。余剰となった機体は、航空自衛隊初の無人標的機に改造されている。

LOCKHEED F-104J/DJ STARFIGHTER

ロッキードF-104J/DJ “栄光”戦闘機

撮影／航空自衛隊

46-8564

▶1961年6月30日、航空自衛隊向けのF-104J 1号機（26-8501）がロッキード社バーバンク工場での初飛行時に撮影された写真。この機体はアメリカに残され飛行訓練に使用されたため、ひと足先にF-104J 2号機と複座型のF-104DJ 1号機が日本に到着。F-104Jの1号機は分解して空輸され、1962年3月8日に日本で初飛行している（撮影／航空自衛隊）。

◀アメリカ国内でテストフライトを実施する、航空自衛隊向けのF-104Jの1号機。F-86Fの後継機となる次期主力戦闘機（F-X）は、いったんグラマンF11F-1FをベースにしたG-98J-11スーパータイガーに内定したが、ロッキード社の圧力により白紙撤回、逆転してF-104が採用された。結果的には実機が完成していなかったG-98J-11より、すでに量産が開始され実績のあるF-104の採用が正解だった（撮影／航空自衛隊）。

▲C-1やT-33A 、T-1Bと共に異機種編隊飛行を実施する航空実験団のF-104J。この異機種編隊は岐阜基地航空祭の目玉で、まったく飛行性能が異なるC-1やF-104などの機体が一糸乱れぬ編隊を組む（撮影／航空自衛隊）

◀ F-104Jは千歳基地に2個飛行隊、百里基地に2個飛行隊、小松基地に1個飛行隊、新田原基地に2個飛行隊が配備された。F-86F時代は続々と飛行隊が編成され移動も激しかったが、移動したF-104飛行隊は沖縄の返還に伴い百里基地から那覇基地に展開した第207飛行隊のみ（撮影／高橋泰彦）。

▶前日降った雪が残る三沢基地のエプロンに駐機する、第203飛行隊のF-104J。現在、F-15飛行隊やF-2飛行隊などには訓練支援や連絡、技量保持などのためにT-4が数機配備されているが、当時もF-104飛行隊はT-33Aのほか複座型のF-104DJを保有していた（撮影／安田孝治）。

46-8617
617

46-8600
600

76-8683

RESCUE 救助用
UPWARD EJECTION SEAT
1/LT. MAKIHARA
A/1C. NEMOTO
682

ロッキードF-104J/DJ

LOCKHEED F-104J/DJ STARFIGHTER

◀射爆撃訓練のため主翼下面にロケット弾ポッドを搭載して三沢基地に展開した、第204飛行隊のF-104J。後方には三菱F-1支援戦闘機が見える。F-104Jは空対空ミサイル以外のウェポン搭載は主翼下面のパイロンと胴体下面のセンターに限定されたため搭載量が制限された（撮影／安田孝治）。

▲キャノピーの開放方法が異なっても、一般的にコクピットに搭乗する場合は左側が圧倒的に多いが、F-104Jは珍しく右側から搭乗する。これは、左側に20mmバルカン砲を搭載しているためだと言われている。最近の機体ではグリペンが右側から搭乗する（撮影／石原 肇）。

▼夜間訓練を終え、編隊でアプローチする第206飛行隊のF-104J。この機体はスピードと上昇性能を最優先したため、写真ファンには無駄の無いスマートなシルエットと、独特のエンジン音が魅力的な機体だった（撮影／高橋泰彦）。

▲航空自衛隊向けのF-104Jが搭載しているのはNASARR F15J火器管制装置で、空対空戦闘能力に必要な目標探知や追尾のほか、ロケット弾や機関砲などによる対地攻撃能力も追加された。先端にはピトー管があり、通常危険防止のために布製のカバーで保護されている（撮影／高橋泰彦）。

▼ドラックシュートを切り離して、デ・アーミングエリアからエプロンに向けてタキシングする第206飛行隊のF-104J。主翼先端には170Galタンク、胴体下面にはAIM-9Bサイドワインダーを搭載するランチャーを装備するのが通常の訓練形態だった（撮影／高橋泰彦）。

▶1985年7月28日に行なわれた百里基地航空祭で展示された、航空実験団のF-104J。当時、百里基地からF-104飛行隊が姿を消していたため、岐阜基地から航空実験団のF-104Jが参加。最後のF-104飛行隊となった第207飛行隊は翌年に沖縄で解散している（撮影／石原肇）。

ロッキードF-104J/DJ
LOCKHEED F-104J/DJ STARFIGHTER

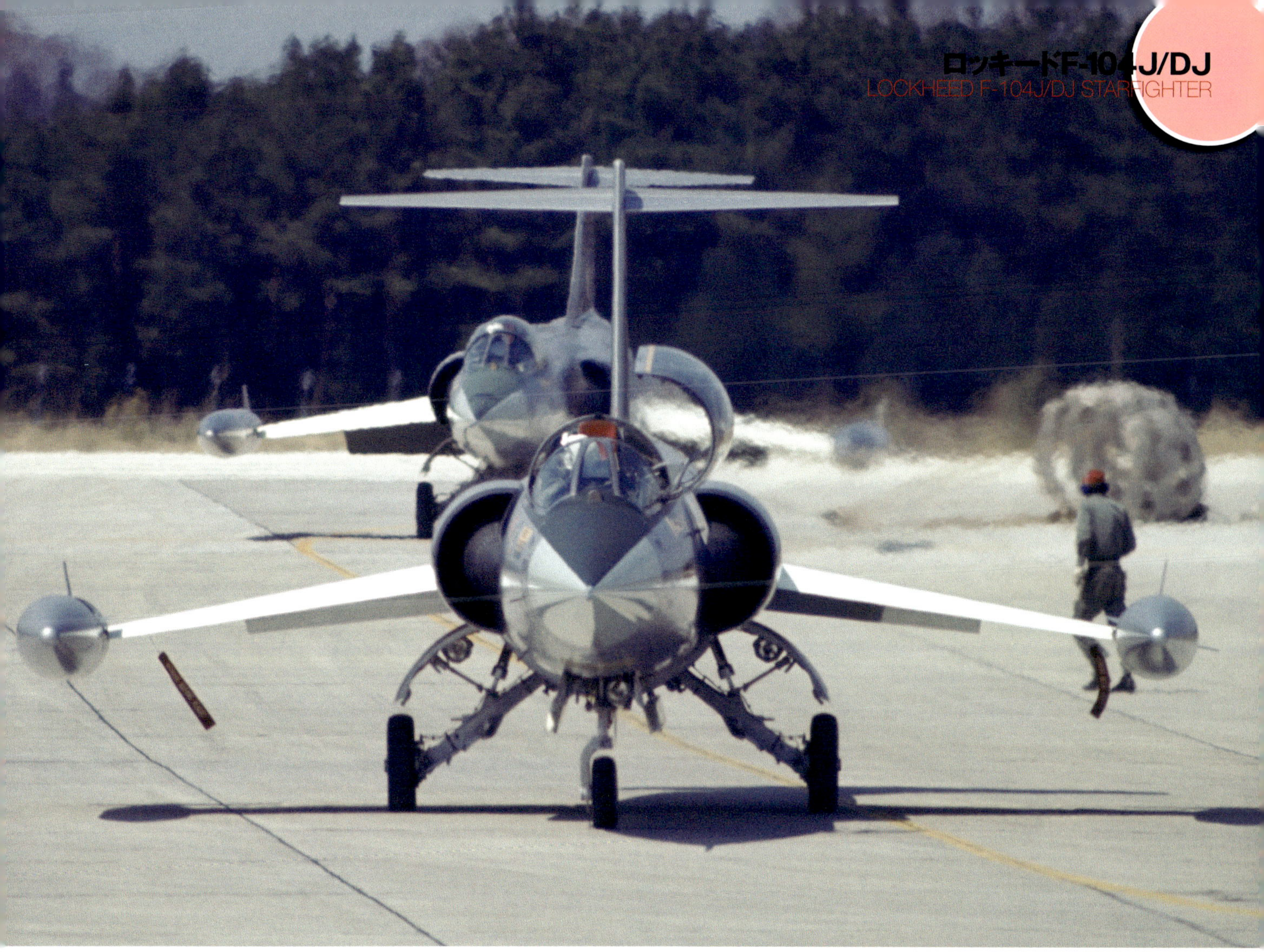

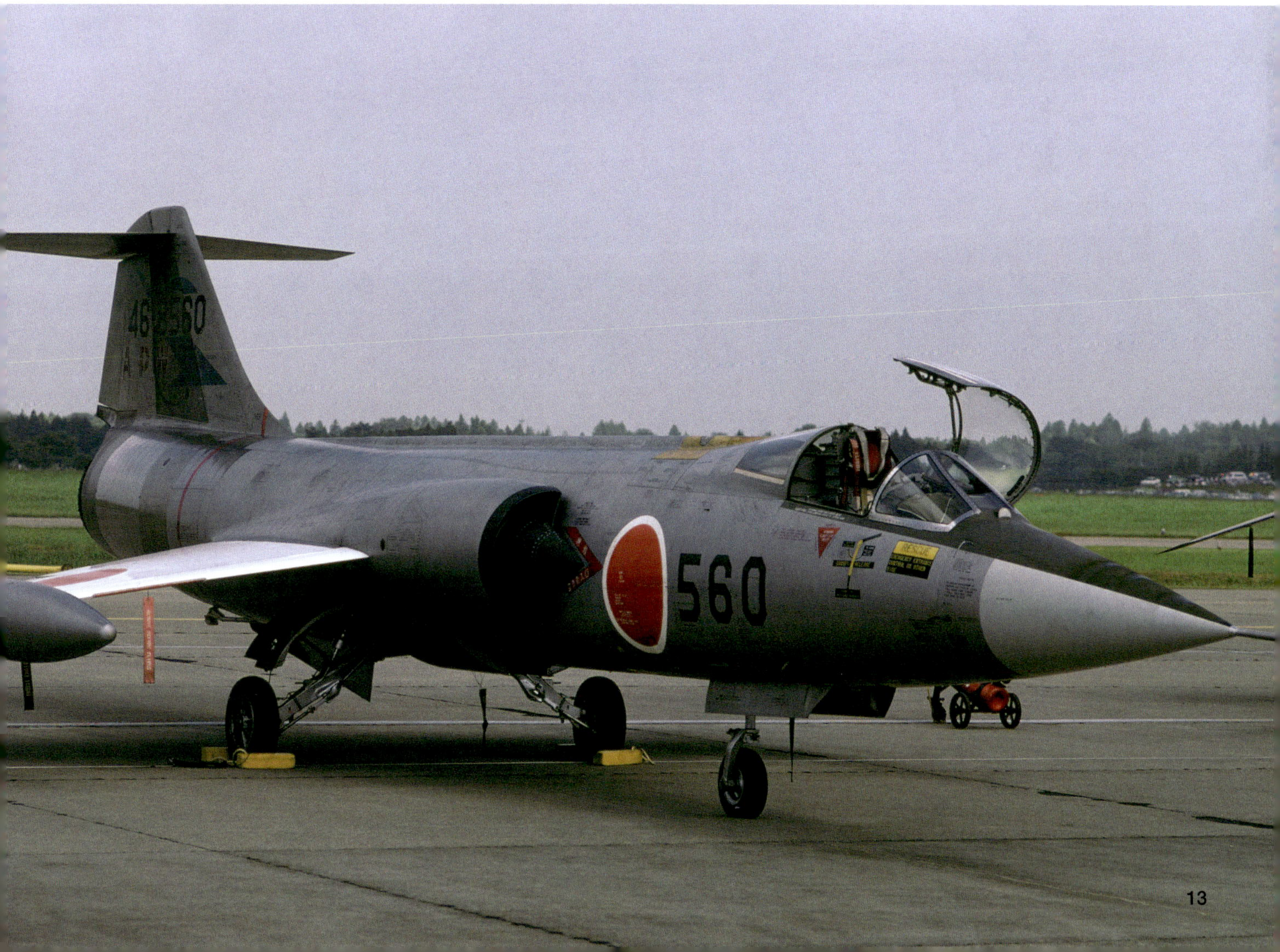

▲当時のF-104Jは銀塗装（アルミナイズ塗装）だったが、この機体は全面エアクラフトグレイに塗られている。写真は、百里基地で1972年4月3日に撮影されたショットでノーマーク。第207飛行隊はこの年の11月7日に百里基地から那覇基地に移動し、同時に塩害対策としてエアクラフトグレイに塗られたため、この機体は那覇に移動直前に撮影されたことになる（撮影／高橋泰彦）。

▼小松基地から百里基地に飛来した、第205飛行隊のF-104J。垂直尾翼の部隊マークは旧マークで、後に第6航空団の「6」をモチーフにしたデザインに変更。F-104飛行隊の中で途中で部隊マークを変更したのは第205飛行隊と第207飛行隊のみ（撮影／高橋泰彦）。

▲パイロットは通常のヘルメットとフライトスーツを着用しているが、高高度から進入する戦略爆撃機の要撃訓練では宇宙服に似た専用の高高度用のヘルメットとフライトスーツを着用した。しかし、ヘルメットやフライトスーツの改良に従い、これらの装備は廃止された（撮影／高橋泰彦）。

▲複座型のF-104DJは、僅か20機が導入されたのみだったので撮影チャンスは少なかった反面、訓練や技量保持などに使用されたため意外とフライトは多かった。写真の007号機は当時ヒットした映画『007』の影響で、人気が高かった機体だ（撮影／高橋泰彦）。

559

36-8554
554

◀岐阜基地のR/W28にタッチダウンする、第205飛行隊のF-104J。胴体下面に装備しているのはAIM-9サイドワインダー専用のランチャーで、全面白く塗られているほか後部には航法灯がある（左側は赤、右側は青）。このランチャーは輸出型から採用されたため、主翼先端に燃料タンクを搭載してもミサイルの搭載が可能となった（撮影／細渕達也）。

▶F-104Jが最初に戦競に参加した当時は、飛行隊を識別するため胴体に原色の太いストライプを描いたが、後に続々と迷彩塗装機が出現した。この機体は全面ダークグレイで、国籍標識の白縁も消された完璧なロービジ塗装。F-4の後継機となるF-35の制式なカラーリングは発表されていないが、国籍標識のロービジ化およびシリアルナンバーの縮小化などが予想される（撮影／細渕達也）。

▼岐阜基地のエプロンに駐機する、第204飛行隊のF-104J。キャノピーにはカバーが掛けられているが、インテークにはカバーが掛けられていない。詳細は不明だが一時的に岐阜基地の第2補給処で保管されていた機体かもしれない（撮影／細渕達也）。

▶岐阜基地の滑走路上をローアプローチする、航空実験団のF-104J。この部隊は機体や搭載機器などの開発・試験などを実施するため、航空自衛隊が装備するほとんどの機体を保有している。実験航空隊時代の部隊マークは青で、黄色の「APG」（Air Proving Group）の文字。航空実験団に改称すると「APW」（Air Proving Wing）の赤文字に変更された（撮影／細渕達也）。

◀複座型のF-104DJは、後部座席を増設した関係で燃料搭載量が軽減されたほか、胴体左側の20mmバルカン砲も撤去され、同時に試作型などと同様に前脚は後方に収納される方式に変更された。写真の機体は前席のみキャノピーが開いた状態となっている（撮影／細渕達也）。

667
675

36-8514

◀航空自衛隊提供のオフィシャル写真で、見事な編隊を組むF-104J栄光。まだ、垂直尾翼の部隊マークは未記入で、新造機のように美しい状態だ。F-104飛行隊の部隊マークはスピード感を象徴するデザインを採用する飛行隊が多かった（撮影／航空自衛隊）。

▶1980年11月30日に行なわれた浜松基地航空祭で展示されたF-104Jは、同基地の第1術科学校で整備教育のために使用されていた機体。第1術科学校に配備される機体は定期的に交換されたが、浜松基地でフライトすることはなかった（撮影／石原 肇）。

▼千歳基地航空祭で撮影された第203飛行隊のF-104J。後方にはF-86Fブルーインパルスと、救難展示を行なうKV-107II、左側には配備されたばかりの第302飛行隊のF-4EJファントムIIが見え、時代を感じさせる写真だ（撮影／高橋泰彦）。

▶1971年5月に百里基地で撮影された、第207飛行隊のF-104J。F-104には200番台の飛行隊名が与えられているが、現在F-104時代の部隊名を継承しているのは第207飛行隊のほか第201/203飛行隊のみで、マルヨン時代の部隊マークを使用しているのは第203飛行隊だけ（撮影／高橋泰彦）。

▼第203飛行隊の部隊マークは、赤い電光で「2」と「3」、可愛いヒグマで「0」をモチーフにして「203」を表している。飛行機ファンからはF-15に機種改編した現在も、中央に描かれている「ヒグマ」は「パンダ」と呼ばれているが、近い将来ロービジに変身する可能性が高い（撮影／高橋泰彦）。

◀ 新田原基地のR/W10から離陸する、第202飛行隊のF-104J。マルヨンは離陸時と着陸時のスピードがほかの機体と比べると速く、脚を収納した直後には550Km/h以上となり、一瞬で740Km/h程度まで加速するので、離陸シーンの撮影は難しかった（撮影／高橋泰彦）。

703

36-8526
526

▲ムラのある黒の戦競塗装を施した、第205飛行隊のF-104J。コクピット後方の電子機器室の点検ドアも開いている。内部には各電子機器を収めたケースが左右4個、計8個が架台の上に並んでいたが、当時はトップシークレットだったため、内部の撮影は禁止されていた（撮影／安田孝治）。

▲1978年9月30日に三沢基地で撮影された、第203飛行隊のF-104J。後方には第8飛行隊のF-86Fの列線が見えるが、新旧戦闘機のツーショットが珍しい。F-86Fには専用のラダーが存在していなかったが、F-104からは写真のような専用ラダーが使用された（撮影／安田孝治）。

▲燃料タンクを4本フル装備したフェリー仕様で、千歳基地から三沢基地に飛来した第203飛行隊のF-104J。主翼先端に装備しているのは170Galタンク、下面に搭載しているのは195Galタンクで、形状は似ているが互換性はなく、下面のタンクのみ空中で投棄が可能（撮影／安田孝治）。

▼アメリカ空軍のF-104A/Cはロッキード社のC-2射出座席、F-104JのベースとなったF-104Gの射出座席はマーチンベーカー社のMk Q5を搭載していたが、航空自衛隊のF-104J/DJはロッキードC-2射出座席を搭載。高度0、速度120ktでのベイルアウトが可能であった（撮影／高橋泰彦）。

▲1977年3月に百里基地で撮影された、タキシング中の第206飛行隊のF-104J。当時、F-104Jを装備していた第207飛行隊は沖縄の那覇基地に移動。代わってF-4EJを装備する第301飛行隊が創設されたため、関東周辺でF-104Jが見られるのは第206飛行隊のみとなった（撮影／高橋泰彦）。

◥着陸直後、減速するためドラックシュートを引きながら滑走する第206飛行隊のF-104J。このシュートはアプローチ速度の速いマルヨンには不可欠な装備で、緊急時にはベントラルフィン横に装備しているアレスティングフックを使用する（撮影／高橋泰彦）。

▶パイロットの操作ミスか、ドラックシュートを曳きながら小牧基地にアプローチするF-104J。空母ミッドウェイ時代、厚木基地では時々見ることができたシーンだが、航空自衛隊のF-104Jは非常に珍しい（小松基地航空祭で、展示飛行を行なったF-4EJがタッチアンドゴーを行なった際にパイロットミスでドラックシュートを放出したケースもあるが）（撮影／熊沢 汎）。

ロッキードF-104J/DJ
LOCKHEED F-104J/DJ STARFIGHTER

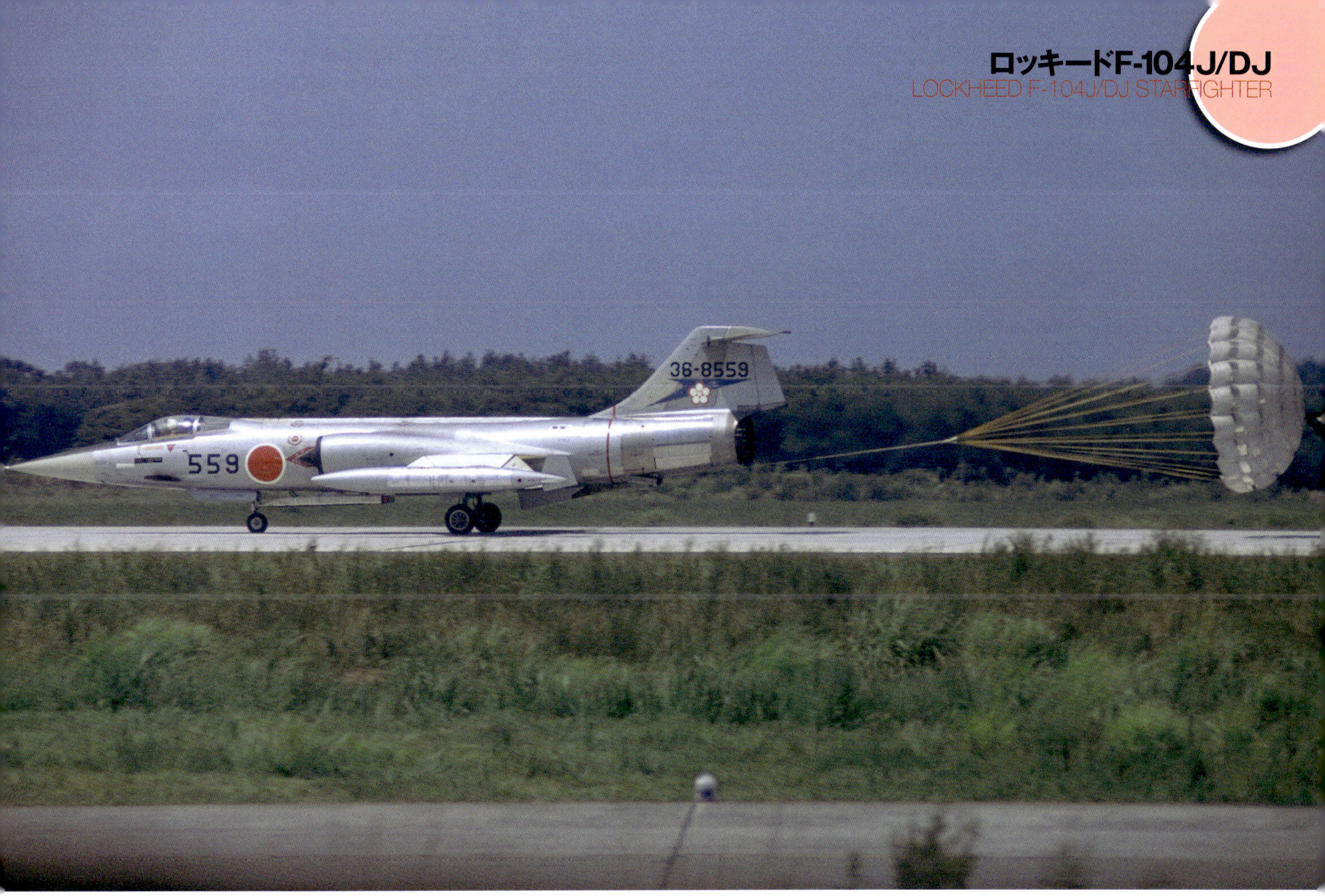

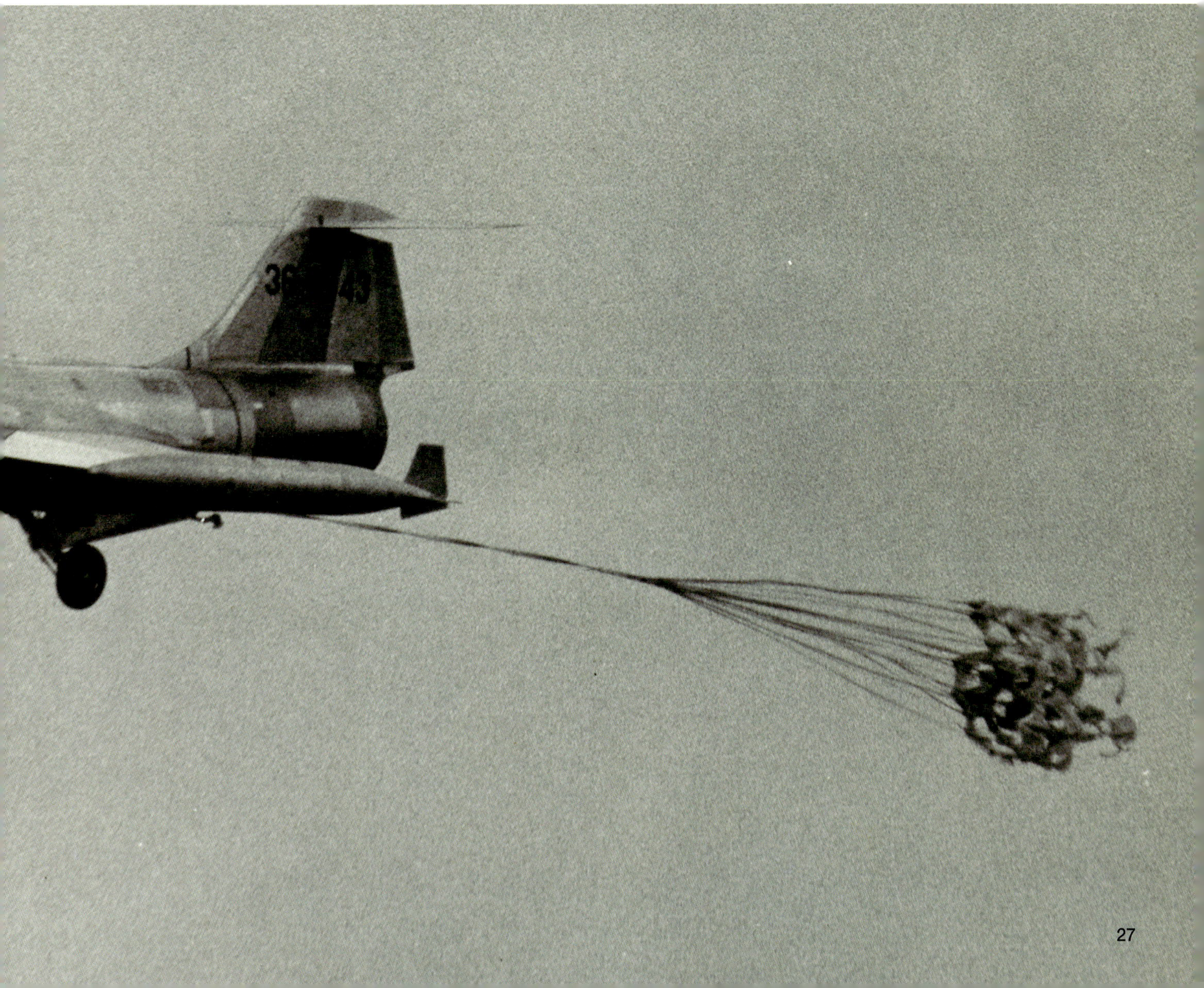

▲極限に絞られた独特の胴体形状を見せて離陸するF-104J。当時の超音速機の主翼は後退角が付けられていたが、マルヨンは直線翼だがナイフのように薄い主翼を採用。強度の関係で主翼下面のハードポイントは1ヵ所に限定された（撮影／熊沢 汎）。

▶岐阜基地の管制塔から見下ろした、航空実験団のF-104J。計画の段階から水平尾翼の位置と形状は何度も変更され、結局、垂直尾翼の先端に配置するT型尾翼に落ち着いた。戦後開発されたジェット戦闘機の中では珍しいT型尾翼となった（撮影／熊沢 汎）。

▶百里基地はF-4EJが配備されるまでは2個のマルヨン飛行隊が配備されており、フェンス外からの撮影条件も良好でタキシングも近くから撮影することができた。後にF-4EJを装備する第301飛行隊が創設され、続いて第305飛行隊、RF-4Eを装備する第501飛行隊が誕生したが、マルヨン人気は高かった（撮影／高橋泰彦）。

◀F-104Jが配備された直後は無塗装だったが、後に外板保護のためアルミナイズ塗装されるようになった。この機体もアルミナイズ塗装されているが機首やインテーク周辺はタッチアップが激しい。ただし、エンジン周辺は熱の影響を受けるためもともと無塗装で、材質の違いでパネル毎の色調が若干異なる（撮影／高橋泰彦）。

▶F-104J末期に見られた、黒いレドームのマルヨン。飛行機ファンからは「鼻黒」と呼ばれ、F-4EJファントムIIのように全機が黒レドームに変更されるのかと思われたが、数機のみに終わった。しかし、「鼻黒」は見慣れたマルヨンとは印象が異なるため、人気が高かった（撮影／高橋泰彦）。

▲1984年戦競はF-104にとって最後の参加となり、第207飛行隊は2個チームを参加させた。マーキングは全機グレイ2色の制空迷彩で、機首には勇ましいシャークティース、一部の機体のインテーク側面には全F-104飛行隊の部隊マークと「F-104 Brothers」の文字を描いたスペシャルマーキングが施された（撮影／高橋泰彦）。

▼1982年9月に那覇基地で撮影されたF-104J。第207飛行隊は沖縄返還に伴い百里基地から那覇基地に移動、同時に南国を象徴する南十字星をイメージしたデザインに変更した。この機体は戦競参加機で、エンジン周辺までグレイに塗られている（撮影／高橋泰彦）。

▲エプロンに駐機する第207飛行隊のF-104Jのバックをタキシングする、全日空のL1011トライスター。最近の飛行機写真は周辺の背景を入れたり、夕日をバックに撮影する芸術的なものが多くなったが、古い写真ファンの多くは記録写真として残している（撮影／高橋泰彦）。

▲1972年10月27日に百里基地で撮影された、第207飛行隊のF-104J。同飛行隊はこの年の11月には沖縄の那覇基地に移動したため、垂直尾翼の部隊マークはすでに南十字星をイメージした新しいデザインに変更されている（撮影／高橋泰彦）。

▲訓練を終え、那覇基地のエプロンにランプインする第207飛行隊のF-104J戦競塗装機。現在、那覇基地はエプロンの拡張工事が終了。沖合いの2本目の滑走路工事も順調に進み、数年後には基地機能が大幅に拡大され、南の最前線基地となる（撮影／高橋泰彦）。

▼那覇基地のラストチャンスで飛行前点検を受ける第207飛行隊のF-104DJ。バックには何もないが、現在、日本トランスオーシャン航空の整備ハンガーや海上保安庁のハンガーが所在する滑走路西側には、離島やLCC専用のターミナルが建設される予定で、管制塔も移動することになっている（撮影／高橋泰彦）。

▶戦競の事前訓練用に迷彩塗装された、第207飛行隊のF-104DJ。飛行機ファンからは「F-1迷彩」と呼ばれた機体で、同じ迷彩塗装を施したF-104DJは他の飛行隊にも存在した。連日、南国の強い光線を浴びているため退色が激しく、凄みのある迷彩となっている（撮影／高橋泰彦）。

◀この写真は翌年の1983年7月14日に撮影されたF-104DJ 017号機。近年はグアムやアラスカなどで実施される日米共同演習などが主流となったため、通称「戦競」と呼ばれる戦技競技会は行なわれていない。しかし、当時は各飛行隊が趣向を凝らした迷彩塗装で参加するため、自衛隊機ファンには格好の撮影対象だった（撮影／石原 肇）。

▶1984年に行なわれた観閲式参加のため、百里基地から参加した第207飛行隊のF-104J。当時、第207飛行隊は最後まで残ったマルヨン飛行隊だったため、航空祭などのイベントには参加していたが、関東以北に展開する機会はめっきり減った（撮影／石原 肇）。

635
165
104

527

ロッキードF-104J/DJ
LOCKHEED F-104J/DJ STARFIGHTER

◀1986年5月18日に行なわれた岐阜基地航空祭で三菱T-2と編隊を組む、航空実験団のF-104J。岐阜基地航空祭では普段見ることができない異機種編隊が魅力で、日本初の超音速機となったT-2のスタイルはF-104と良く似ているのが分かる（撮影／高橋泰彦）。

▶岐阜基地のエプロンに駐機する、航空実験団のF-104J。この機体は胴体左側の20mmバルカン砲は未装備で、金属製のカバーで塞がれている。F-104が開発された当時はミサイル重視の時代で機関砲を使用する接近戦は時代遅れ、と考えられていたが、実際には予算不足のため当初から未装備の機体も多かった（撮影／高橋泰彦）。

▼岐阜基地を離陸する航空実験団のF-104J。同機の離陸および着陸時のスピードは速く、当時はオートフォーカスなどは存在していない時代で、自分でピントを合わせるため写真ファン泣かせの機体だった。処分される無駄なカットも多かった（36枚撮りのフィルム代と現像代の合計は、2,000円以上！だった）（撮影／高橋泰彦）。

▶百里基地をタキシングする、実験航空隊のF-104J。主翼下面には195Galタンクを改造したカメラポッドを搭載している。このポッドはミサイル発射やウェポン投下などを記録するカメラを内蔵しているため、右側にはカメラ窓が設置され、視認性の高い白と赤で塗り分けられている（撮影／高橋泰彦）。

▼1984年11月に行なわれた岐阜基地航空祭で撮影された、航空実験団のF-104J。用途廃止となった機体のほとんどはスクラップとなったが、この機体もスクラップとなった1機。F-104Jは完成機として3機、ノックダウン生産機が17機、ライセンス生産機が190機の計210機が導入されたが、45機が事故で失われている（撮影／高橋泰彦）。

◢ 岐阜基地航空祭で、主翼端の燃料タンクを外したクリーン状態で高機動飛行を披露する、航空実験団のF-104J。マルヨンがタンクを外した状態の展示飛行は、独特のスピード感を感じさせる演技で、F-4やF-15にはない魅力的なフライトだった（撮影／高橋泰彦）。

ロッキードF-104J/DJ
LOCKHEED F-104J/DJ STARFIGHTER

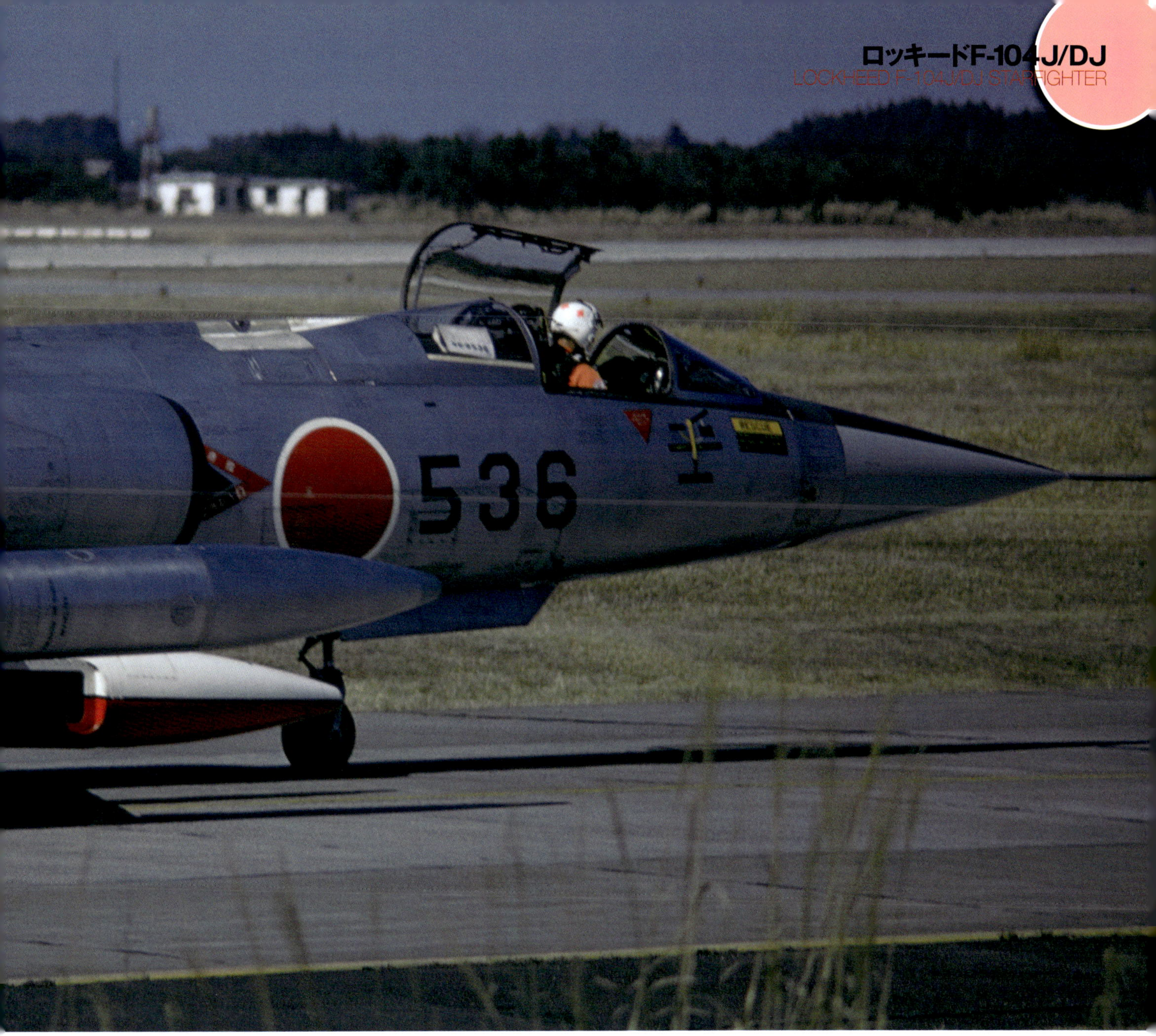

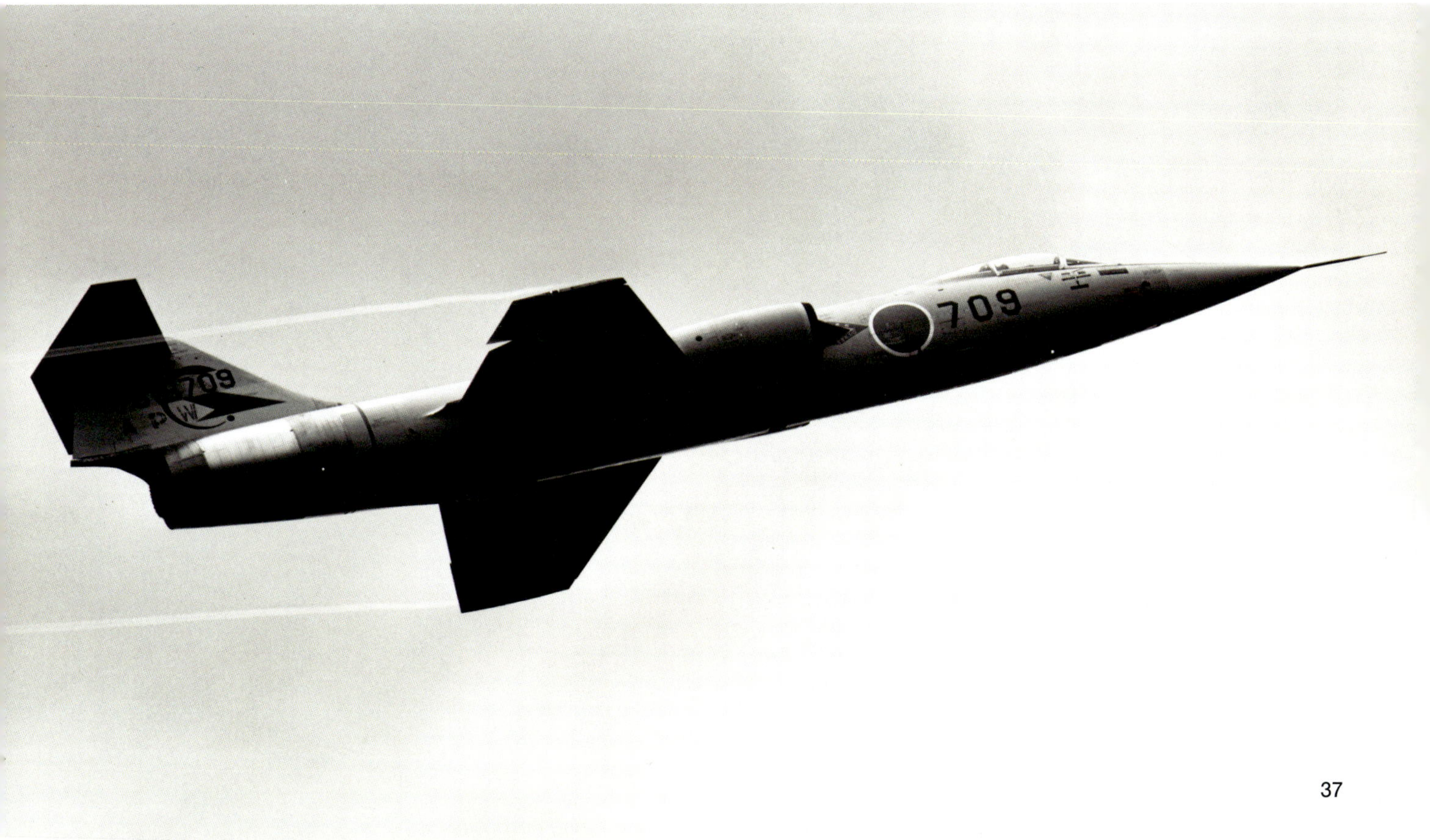

▲パイロットが搭乗して硫黄島のエプロンでエンジンスタートする、無人機運用隊のUF-104J。後方には第6飛行隊のF-1が見えるが、実はF-1迷彩を施したT-2後期型。常に無人機運用隊は第3/4/8航空団から訓練支援のためのT-2を借用していた（撮影／航空自衛隊）。

ロッキードF-104J/DJ

LOCKHEED F-104J/DJ STARFIGHTER

◀硫黄島の擂鉢山上空で第305飛行隊のF-15Jと編隊を組む、無人機運用隊のUF-104J。この機体はパイロットが搭乗可能なほか、地上からの遠隔操縦も可能だったため、初期は地上からの遠隔操縦訓練に使用され、緊急時には搭乗しているパイロットがコントロールした（撮影／航空自衛隊）。

▼余剰となったF-104Jの中から無人標的機に改造されたUF-104J/JA。続いて、F-4EJを無人標的機に改造する計画もあり、長い間、小牧基地の第2補給処小牧支所で10数機のF-4EJが保管されていたが、予算の関係で実現することなく、飛行時間を残したまま処分された（写真／航空自衛隊）。

▲1985年7月5日、那覇基地で撮影された第207飛行隊のF-104J 699号機。同飛行隊が解散したのは1986年3月19日なので解散直前の撮影だが、機体はタッチアップが激しい。飛行時間が余った機体は航空実験団に配置換えとなったが、この機体は部隊解散と同時に用途廃止となった（撮影／安田孝治）。

▼用途廃止となった機体の多くはスクラップにされたが、F-104J 699号機は青森県の三沢基地に隣接する「青森県立三沢航空科学館」大空ひろばで、大切に保管されている幸運な機体。写真のようにコクピットは開放され、操縦席に座ることもできるので、興味のある方は是非訪れていほしい（撮影／安田孝治）。

▲那覇基地正門からエプロン地区に向かう道路の右側に展示されていたF-104J 544号機。現在は周辺が整備され、後方の駐車場周辺には南混団と第9航空団司令部が同居する庁舎が建設されている。この機体は老朽化したため処分されている（撮影／細渕達也）。

▼現在、那覇基地に展示されているF-104J 688号機は1997年に岐阜基地の第2補給処で保管されていた機体を整備して展示されている。写真は展示直後で戦競迷彩をイメージしたカラーリングだが、現在は通常塗装に塗り直されている。那覇空港から市内に向かうモノレール「ゆいレール」や国道から良く見えるので、観光などで沖縄を訪れた際にはチェック！（撮影／石原 肇）。

LOCKHEED
F-104J/F-104DJ/UF-104J STARFIGHTER SQUADRON

F-86F 、F-86Dに続いて、航空自衛隊の3番目のジェット戦闘機として導入されたF-104J/DJ。最初のF-86Fには1桁の飛行隊名、F-86Dには100番台の飛行隊名が与えられていたが、F-104J/DJには200番台の飛行隊名が付けられた。100番台が与えられたF-86D飛行隊名の中で「104」は欠番となっているが、すでにF-104の導入が決定していたため、混乱を防ぐため欠番となったようだ。

部隊マークは基本的には単独のマークを使用していたが、新田原基地の第5航空団に配備されていた第202飛行隊と第204飛行隊は同じデザインの色違い、同じく百里基地に配備されていた第206飛行隊と第207飛行隊（那覇に移動後は単独のマークを使用）も同じデザインで色違いだった。当時はまだまだカラーフィルムは高く、モノクロが中心だったため、モノクロ写真から部隊名を判断することは難しい時代だった。

撮影／高橋泰彦

撮影／高橋泰彦

撮影／高橋泰彦

撮影／航空自衛隊

撮影／高橋泰彦

撮影／高橋泰彦

撮影／石原 肇

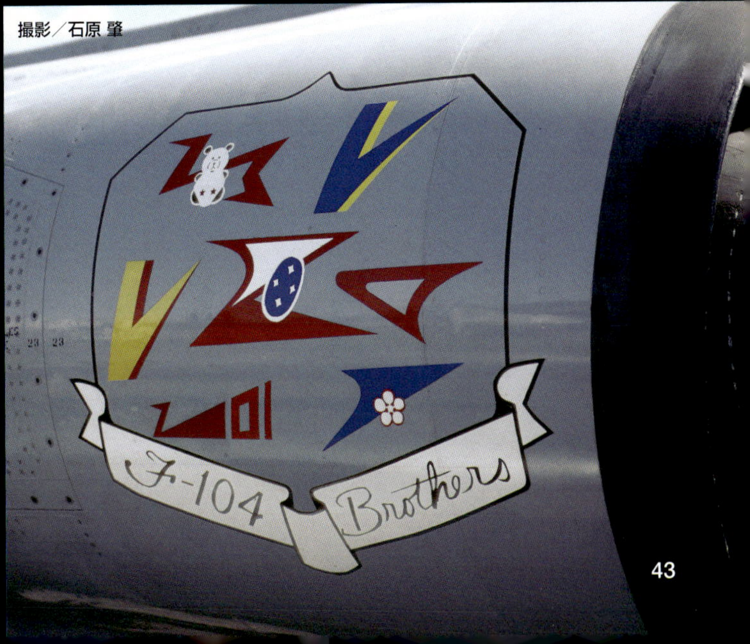

第201飛行隊
201st SQUADRON

F-104の最初の飛行隊となったのは、千歳基地の第2航空団隷下に新編された第201飛行隊で、当時は冷戦状態だったため北海道などの北方に新鋭機が優先的に配備された時代だった。創設は1963年3月8日で、F-86などからパイロットの機種転換訓練も並行して実施していたため、マルヨンのマザースコードロンと呼ばれた。翌年の1964年6月25日には千歳基地に第203飛行隊が編成され、第2航空団は初のF-104航空団となった。F-104Jに続いてF-4EJの導入が決定、千歳基地に配備が決定したため、1975年10月には解散。しかし、4番目のF-15飛行隊として、第201飛行隊は1986年3月19日に復活しているという珍しい飛行隊。

◀1972年8月6日に行なわれた千歳基地航空祭で、編隊飛行を披露する第201飛行隊のF-104J。1966年に最後の飛行隊として第207飛行隊が編成されたため、当時はF-104の全盛時代だったが、この3年後にはF-4EJの配備に伴い第201飛行隊はいったん解散することになる（撮影／高橋泰彦）。

▶第201飛行隊の部隊マークは、漫画家の故・おおば比呂司氏がデザインを担当。北海道に生息する「丹頂鶴」をモチーフにして飛行隊名の「201」を表したシンプルなデザインだった。F-15飛行隊として復活すると部隊マークは変更されたが、旧マークは定期的に行なわれた戦競や記念塗装などで、ワンポイントとして復活している（撮影／高橋泰彦）。

▲1972年の千歳基地航空祭で展示された、第201飛行隊のF-104J。主翼先端の燃料タンクは赤く塗られているが、これは飛行隊内で空対空戦闘訓練（ACM）で使用する敵味方識別のために塗られていた（F-86F時代も胴体に太いストライプを描いた機体などが存在した）（撮影／高橋泰彦）。

◀もともと、高い上昇力や高速性能を活かした要撃戦闘機として開発されたF-104だが、航空自衛隊は空対空戦闘や対地攻撃任務なども実施した。写真は主翼下面にLAU-3　70mmロケット弾ポッドを搭載して、千歳基地にアプローチする第201飛行隊のF-104J。高速を誇るF-104Jだが、ウェポンを搭載すると速度は極端に制限される（撮影／高橋泰彦）。

第202飛行隊

202nd SQUADRON

2番目のF-104飛行隊となった第202飛行隊は、1964年3月31日に新田原基地の第5航空団隷下に編成された。第201飛行隊は操縦士の機種転換訓練を並行して実施していたため、第202飛行隊は初の実戦飛行隊として誕生、創設された年の10月1日から対領空侵犯処置任務（アラート）を開始した。後に編成された第204飛行隊と共に、西部航空方面隊の部隊として九州周辺の防空任務を実施。また、定期的に行なわれた戦技競技会に合わせ積極的に迷彩塗装の研究を行なっていた。

しかし、F-15の導入に伴い1982年12月21日にF-104からF-15に機種改編を終了、防衛政策の見直しから2000年10月5日に解散している。

▲新田原基地のR/W10から離陸する、第202飛行隊のF-104J。当時はフェンスの外からの撮影条件は良好で、離陸シーンなどは好みの場所から好みのシーンを撮影することができた。また、航空祭時は滑走路南側が臨時駐車場となったため、滑走路に非常に近く、終日順光だったため写真ファンには非常に人気が高い航空祭だった（撮影／高橋泰彦）。

◀タッチダウン後、エアブレーキを開き、同時にドラッグシュートを引きながら滑走する第202飛行隊のF-104J。同機はF-86Dに続いてドラッグシュートを装備する機体で、レバーを引くと自動的に放出される比較的単純な構造だった。シュートは減速のために使用されるが、トラブルでスピンに入った場合の回復時にも使用された（撮影／高橋泰彦）。

▲1982年に小松基地で行なわれた戦技競技会で撮影された第202飛行隊のF-104J。コーションデータなどは最小限に残され、国籍標識（日の丸）の白縁は消され主翼上面を含めて全面ダークグレイに塗られた凄みのあるカラーリングとなっているが、派手な部隊マークは残されている（撮影／高橋泰彦）。

◀F-104Jの離陸速度は315Km/hで、リフト・オフと同時に脚が収納される。写真は新田原基地から離陸する第202飛行隊のF-104Jで、通常の訓練では主翼先端に195Gal燃料タンク、胴体下面にはAIMミサイルランチャーが標準装備。写真の機体はナチュラルメタルで、非常に美しい（撮影／高橋泰彦）。

▶小松基地で撮影された第202飛行隊のF-104Jで、主翼下面に搭載しているのは燃料タンクを改造した国産のJ/ALQ-4 ECMポッドで、戦競などではフェイカー役として使用された（撮影／高橋泰彦）。

第203飛行隊

203rd SQUADRON

北方重視の時代、千歳基地にはF-86D飛行隊が1個飛行隊配備されていたが、1964年6月25日には3番目のF-104飛行隊となる第203飛行隊が第2航空団隷下に編成され、第2航空団は初のF-104航空団となった。先に編成された第201飛行隊は機種転換訓練も実施していたため、第203飛行隊は同年12月1日から対領空侵犯措置任務に就いている。F-4EJに続いてF-15Jの導入も始まり、第203飛行隊は1984年12月1日にF-104からF-15に機種改編を終了。航空自衛隊初の掩体（シェルター）運用が開始されたが、通称「パンダ」と呼ばれるヒグマの部隊マークは継承されている。

◀1982年5月17日、移動訓練のため青森県の三沢基地に展開した第203飛行隊のF-104J。当時、三沢基地にはF-1を装備する第3/8飛行隊が配備されていたため、F-1との異機種戦闘訓練（DACT）のためか、主翼先端の燃料タンクを外している（撮影／安田孝治）。

▶1982年10月1日、北海道の千歳基地から三沢基地に展開してエプロンにランプインする第203飛行隊のF-104DJを建物の屋上から撮影。フェリーフライトのためか、主翼先端と下面に計4本の燃料タンクを搭載しているのが珍しい（撮影／安田孝治）。

▲雪が積もる三沢基地のエプロンからタキシーアウトする、第203飛行隊のF-104J。左側主翼下面に搭載しているのは、20mmバルカン砲の射撃訓練に使用されるRMU-10/Aリールポッドと、TDU-10Bターゲットを組み合わせたトゥ・ターゲットシステム。写真から分かるようにエプロンとのクリアランスは僅かで、デルタ翼の羽根を滑走路に擦りながら離陸する（撮影／安田孝治）。

◀千歳基地に編隊でアプローチする、第203飛行隊のF-104J。F-104を装備していた飛行隊の中で第201/202/203/204飛行隊がF-15Jに機種改編しているが、改編と同時に飛行隊マークを変更した部隊が多かった。しかし、第203飛行隊のみF-104時代のマークを継承した（撮影／高橋泰彦）。

第204飛行隊

204th SQUADRON

北方の千歳基地にF-104の配備が終了すると、4番目の飛行隊となる第204飛行隊は、九州の新田原基地で2個目のF-104飛行隊として1964年12月1日に編成された。部隊マークは第202飛行隊と同じデザインの色違いを使用。同飛行隊は対領空侵犯措置任務に加え、第201飛行隊から受け継いだパイロットの機種転換訓練を実施した。F-104時代は新田原基地から移動することはなかったが、F-15に機種改編と同時に茨城県の百里基地に移動して第7航空団隷下に編入、2009年には沖縄県の那覇基地に移動して第83航空隊（現在は第9航空団と改称）に編入されている。

▲主翼下面に127mmロケット弾を収納するRL-4ロケットランチャーを搭載して、三沢基地をタキシングする第204飛行隊のF-104J。バックには森林が広がり、掩体（シェルター）が建設された現在と比べるとロケーションはまったく異なり、時代を感じさせる（撮影／安田孝治）。

▶第204飛行隊は第202飛行隊と同様に、第5航空団の「5」をローマ数字で表す「V」をモチーフにして、色違いを使用した。この「V」は勝利を意味する「Victory」も含まれている。しかし、モノクロ写真では、飛行隊名を判別するのが難しかった（撮影／高橋泰彦）。

▶訓練フライトを終え、エアブレーキを開いたまま新田原基地をタキシングする第204飛行隊のF-104DJ。複座型に改良されたためコクピット部分は大幅に変更し、燃料搭載量は若干減ったものの、空対空戦闘能力は残された（撮影／高橋泰彦）。

◀1982年11月11日に三沢基地で撮影された、第204飛行隊のF-104DJ。複座型のF-104DJは各飛行隊に2機程度配備され、訓練支援や連絡などに使用された。写真の機体は仮想敵機役に使用され、識別のため胴体の一部や燃料タンクはオレンジ色に塗られている（撮影／安田孝治）。

第205飛行隊

205th SQUADRON

第205飛行隊は、1965年3月31日に石川県の小松基地で新編された。当時は、毎年F-104飛行隊が誕生する時代で、新造機が続々と配備された。小松基地は日本海に面していたため冬季は積雪に悩まされ、現在のように除雪設備が整っていなかったので、たびたび百里基地などで移動訓練を実施していた。部隊マークは当初、第6航空団の「6」と、F-104のスピード感を表す赤いシェブロンを使用していたが、後に第6航空団共通のマークに変更された。1981年6月30日に解散したが、部隊の伝統などはF-4EJ飛行隊となった第306飛行隊に継承された。

▲1975年5月22日、小松基地のR/W06から離陸する第205飛行隊のF-104J。垂直尾翼には編成された当時の部隊マークが描かれているが、後に第6航空団共通のマークに変更された。同飛行隊はこのマークに拘っていたようで、エアインテーク横にこのマークを描いた機体が少数機存在していた（撮影／高橋泰彦）。

▶1974年8月22日、小松基地のエプロンに駐機する第205飛行隊のF-104DJ。左主翼下面に搭載しているのは、デルマターゲットを搭載するランチャーで、このターゲットはT-33AやF-86F、F-104Jが曳航する2.75inロケット弾専用だった（撮影／高橋泰彦）。

▲同じくDF-6RCデルマターゲットを搭載して訓練空域に向け離陸する、第205飛行隊のF-104DJ。ターゲットの形状はM117通常爆弾と良く似ているが、このターゲットは亜音速専用。こうした訓練支援などでは複座型のF-104DJが使用されることが多かった（撮影／高橋泰彦）。

◀1980年6月11日に小松基地で撮影された、第205飛行隊のF-104J。垂直尾翼の部隊マークは第6航空団共通のマークに変更されているのに注意。この機体は戦競用の迷彩塗装で、インテークの警告マーク以外は消され、主翼の国籍標識の白縁も消された究極のロービジ塗装（撮影／中嶋栄樹）

▶フェイカー用のオレンジ色の派手なマーキングを施した、第205飛行隊のF-104DJ。この機体は戦競の事前訓練用に塗装されたもので、他の飛行隊も同様のマーキングを施した機体が存在した。この当時、戦果の判定はほとんど目視で行なわれ、現在と比べるとレーダーなどが発達していない時代で、敵味方を識別する簡単なアイデアだった（撮影／中嶋栄樹）。

第206飛行隊
206th SQUADRON

6番目のF-104飛行隊となった第206飛行隊は、百里基地の第7航空団隷下で編成される予定だったが、百里基地の用地買収が遅れたため、1965年12月20日付けで入間基地に司令部が新設された。変則的な運用が続いたが、百里基地での正式な運用開始は1967年9月で、ようやく第7航空団はF-104航空団となり、先に編成されていた第204飛行隊と共に首都圏防衛を任務としていた。最新鋭機のF-4EJ配備に伴い1978年11月30日に解散。飛行隊の伝統やパッチおよび部隊マークのデザインなどは5番目のF-4EJ飛行隊となった、第305飛行隊に継承された。

▲1973年3月に百里基地で撮影された第206飛行隊のF-104J。機首左側のバルカン砲口は、硝煙で汚れているため実射訓練直後かもしれない。バルカン砲は全機に装備されたわけではなく、未装備の機体も多く、銃口を金属製カバーで覆っていた機体も多かった（撮影／高橋泰彦）。

◀1973年7月に行なわれた横田基地のオープンハウスで展示された、第206飛行隊のF-104J。当時、沖縄を除けばF-104Jが配備されていたのは百里基地の第206飛行隊のみで（航空実験隊は除く）、同飛行隊のF-104は各地の航空祭で展示された（撮影／石原 肇）。

▶現在も残されている百里基地の撮影場所のひとつ「くの一」で撮影された、第206飛行隊のF-104J。部隊マークは第207飛行隊と同じデザインで、第206飛行隊のシェブロンは青、第207飛行隊は赤を使用。モノクロ写真では飛行隊を区別できなかった（撮影／高橋泰彦）。

▲百里基地のR/W21に着陸後、ドラックシュートを引きながらデ・アーミングエリアに向かう第206飛行隊のF-104J。当時は撮影場所に恵まれていた百里基地だったが、最近は立ち入り禁止場所が増えた（撮影／高橋泰彦）。

▲百里基地航空祭で、見事な4機編隊を披露する第206飛行隊のF-104J。当時百里基地は2個のF-104J飛行隊が配備されていたが、現在はF-15Jを装備する第305飛行隊、F-4FJ改を装備する第302飛行隊、RF-4E/EJを装備する第501飛行隊が所在している。2016年秋には第305飛行隊が新田原に移動、同時に第301飛行隊が百里に移動してくることになっている（撮影／高橋泰彦）。

▼近接する水戸の偕楽園の「梅」をモチーフにした飛行隊マークを垂直尾翼に描いた第206飛行隊。バックには第7航空団を表わすシェブロンが描かれているが、このシェブロンはF-15に機種改編した第305飛行隊の戦競塗装などでたびたび復活した（撮影／高橋泰彦）。

第207飛行隊（百里）

207th SQUADRON (HYAKURI)

最後のF-104飛行隊として1966年3月31日に百里基地の第7航空団隷下で新編された第207飛行隊は、第206飛行隊と共に首都防衛任務を実施していたが、1972年に沖縄の本土復帰に伴い、11月7日付けで沖縄の那覇基地に移動、新設された第83航空隊に編入され単独で南西諸島周辺の防衛任務に就いていた。那覇基地は3方向を海で囲まれているため、塩害対策として全面エアクラフトグレイに塗られていたのが特徴で、那覇基地に移動すると南十字星をモチーフにした独自の部隊マークに変更した。同飛行隊は、最後までF-104を使用していた実戦飛行隊としても知られ、1986年3月19日に解散している。

▲百里基地のR/W03から離陸する第207飛行隊のF-104J。飛行隊マークのデザインは第206飛行隊と同じ偕楽園の「梅」をモチーフにして、第7航空団を意味するシェブロンは赤。梅のマークはF-4EJ、F-15Jを装備している第305飛行隊でも使用されている（撮影／高橋泰彦）。

▲百里基地のR/W03から離陸する第207飛行隊のF-104J。当時、フェンスは滑走路の近くにあったため比較的短いレンズでも撮影することができた。この写真はもちろんフィルムで、200mmレンズを使用して撮影できるほど近かった（撮影／高橋泰彦）。

▲複座型のF-104DJは導入数が少なかったため、飛行機ファンには意外と人気が高かった。撮影は1972年4月で、沖縄の本土復帰に伴いこの年の11月には第207飛行隊は沖縄の那覇基地に移動することになる（撮影／高橋泰彦）。

◀百里基地のR/W03のエンドでデ・アーミング作業を受け、エプロンに向けてタキシングする第207飛行隊のF-104J。この機体も戦闘機戦闘訓練（ACM）で仮想敵役に使用されたため、主翼先端の燃料タンクがオレンジ色に塗られているが、退色が激しい（撮影／高橋泰彦）。

▲1984年7月、百里基地から那覇基地に向けて編隊離陸する第207飛行隊のF-104DJとF-104J。那覇基地に移動後、F-104J/DJには塩害対策として全面エアクラフトグレイ塗装が施されたほか、定期的に機体洗浄が実施された（撮影／石原 肇）。

▶吹雪の三沢基地からタキシーアウトする、第207飛行隊のF-104DJ。南国の那覇から北国の三沢基地に展開、厳しい気象条件の中での訓練となった。撮影は1981年12月17日。最近は温暖化現象で、三沢基地も雪が積もる機会がめっきり減ったという（撮影／安田孝治）。

◀1981年12月21日、第8飛行隊のF-1に対しターゲットサービス終了後、編隊で三沢基地のランウェイ上をローアプローチする第207飛行隊のF-104DJ。三沢基地北側には天ヶ森射爆場が所在しているため対地攻撃機訓練や機関砲の射撃訓練で飛来する外来機は多かった（撮影／安田孝治）。

ロッキードF-104J/DJ/UF-104J 飛行隊

LOCKHEED F-104J/F-104DJ/UF-104J STARFIGHTER SQUADRON

◀百里基地時代は第206飛行隊と同じデザインの飛行隊マークを使用していた第207飛行隊は、那覇基地に移動すると南十字星をモチーフにした南国風のデザインに変更、マルヨン飛行隊の部隊マークの中ではもっとも人気が高いマークとなった（撮影／高橋泰彦）。

▼那覇基地のR/W36にアプローチする、第207飛行隊のF-104J。撮影場所は瀬長島に通じる道路。現在は整備されているが当時は砂利道で、那覇市内からの道路も整備されていなかった。ちなみに、瀬長島は返還されるまでは米軍の弾薬庫となっていたため、立ち入ることはできなかった（撮影／高橋泰彦）。

▶1997年12月12日に那覇基地のエプロンで撮影された、第207飛行隊のF-104J。同飛行隊が解散されたのは1986年なので、用途廃止機。実はこのF-104Jは岐阜基地で保管されいた機体で、整備された後ゲートガードとして現在も展示されている。写真は整備が終了、第302飛行隊のF-4EJ改と並んだ貴重なツーショット（撮影／石原[illegible]）

実験航空隊/航空実験団

AIR PROVING GROUP/AIR PROVING WING

　航空自衛隊が創設され供与された機体のほとんどは供与機だったが、航空自衛隊が保有する航空機の装備品などを独自で各種の試験や研究などを行なうため1955年12月1日に浜松基地で実験航空隊が創設された。1962年にF-104を受領すると滑走路の短い浜松基地での運用が難しくなったため小牧や千歳で各種の試験を実施、後に現在の岐阜基地に移動、1974年11月に航空実験団と改称して現在は飛行開発実験団となっている。実験航空隊時代は黄色の部隊マークに「APG」の文字、航空実験団に改称するとマークは青、文字は「APW」表記となった。

▲1973年3月6日に百里基地で撮影された、実験航空隊のF-104J。当時はたびたび実験航空隊はF-104が配備された基地に展開して各種の試験を実施していた時代で、この機体の主翼下面には白と赤に塗られた燃料タンクを改造したカメラポッドを搭載している（撮影／高橋泰彦）。

▼1971年7月20日、XT-2 1号機の初飛行をチェイスした後、小牧基地にアプローチする実験航空隊のF-104DJ。複座型のF-104DJは各種の試験に投入さたほか、試験飛行のチェイスや連絡など幅広い用途に投入された（撮影／高橋泰彦）。

▲青空と白い雲をバックに、岐阜基地のR/W28にアプローチする航空実験団のF-104J。前年に実験航空隊から航空実験団と改称したため部隊マークは黄色から青に変更され、同時に「APG」の文字は「APW」と変更された（撮影／高橋泰彦）。

▲1986年5月18日に行なわれた岐阜基地航空祭で、T-2後期型と編隊で高機動飛行を実施する航空実験隊のF-104J。最後までF-104Jを運用していた第207飛行隊は1986年3月19日に解散しているので、飛行可能なF-104J/DJを装備していたのは航空実験隊のみだった（撮影／高橋泰彦）。

▶1989年10月15に行なわれた岐阜基地航空祭で展示された、航空実験団のF-104J。この機体は末期に登場したレドームの黒い機体で、後にUF-104JAに改造され、1995年3月24日に撃墜されている。余談だが、撮影された1989年3月には航空実験隊は飛行開発実験団と改称しているので、制式には同団の所属となる（撮影／石原 肇）。

無人機運用隊

UF SQUADRON

アメリカ空軍や海軍では余剰となったF-86やF-100、F-104などを無人標的機（フルスケールドローン）に改造していたが、航空自衛隊も岐阜基地の第2補給処で保管されていたF-104Jを無人標的機に改造することを決定。この機体はQF-104Jと呼ばれ、1号機は1989年12月18日に三菱重工小牧南工場で初飛行している。飛行開発実験団で各種の試験が行なわれた後、分解して硫黄島に空輸された。1991年10月には遠隔操作で無人機能が確認され、翌年には臨時無人機飛行隊が誕生した。

QF-104JはUF-104Jと改称され、最初の2機は有人飛行が可能で量産型はUF-104JAの名称が与えられ、1994年3月に制式に無人機運用隊が発足、3年間にわたってミサイル実射訓練が行なわれ、1997年3月に最後の機体が撃墜され、直後に無人機運用隊は解散した。

▲この機体は有人飛行が可能なQF-104Jとして改良された無人標的機で、後にUF-104Jに改造された。主翼先端の燃料タンクおよび垂直尾翼と水平尾翼は遠方からの視認性を高めるため赤く塗られているのが特徴。UF-104Jは三菱重工および飛行開発実験団で数回の試験飛行が行なわれたのみなので、小牧などで撮影された機会は非常に少なかった（撮影／航空自衛隊）。

◀硫黄島基地上空を低空飛行する、無人機運用隊（通称UF隊）のUF-104J。この機体もQF-104Jとして改造された機体で、600号機と同様に後にUF-104Jに改造されている。硫黄島は海上自衛隊が管理している基地なので、正確には硫黄島航空基地が正しく、無人機運用隊が解散した現在も戦闘機飛行隊や米軍の移動訓練などで使用するため、支援する航空自衛隊も所在しているほか、不発弾を処理するため少人数の陸上自衛隊員も常駐している（撮影／航空自衛隊）。

ロッキードF-104J/DJ/UF-104J 飛行隊

LOCKHEED F-104J/F-104DJ/UF-104J STARFIGHTER SQUADRON

◀胴体下面を見せて機動飛行を行なう、無人機運用隊のUF-104J。3方向を海で囲まれている那覇基地に配備されていた第207飛行隊のF-104J/DJは塩害対策として全面エアクラフトグレイに塗られていたが、無人機運用隊のUF-104Jも同様にエアクラフトグレイに塗られた（撮影／航空自衛隊）。

▲1994年戦競に初めてF-15で参加した第305飛行隊は、戦競終了直後に移動訓練で硫黄島に展開した。写真はその時に第305飛行隊が撮影したショットで、無人機運用隊のUF-104Jと編隊を組んで記念撮影を行なう、第305飛行隊のF-15J（撮影／航空自衛隊）。

▶無人機運用隊の部隊マークは硫黄島に生息する「サソリ」で、UF-104Jを撃墜したF-4EJ改やF-15J/DJの機首には赤い「サソリ」が描かれた。同隊のコールサインは「マリオ」で、ゲームに登場する主人公をインテイク側面に大きく描いた機体が存在したほか、訓練支援を実施するため常時、第3/4/8航空団からT-2が展開していた（撮影／航空自衛隊）。

LOCKHEED
F-104J/F-104DJ/UF-104J STARFIGHTER
SPECIAL MARKING ALBUM

F-86F時代は飛行隊内での戦闘機戦闘訓練（ACM）時に、仮想敵役に使用された機体の機首や胴体の一部を赤く塗って識別していたが、F-104J/DJが導入されるとF-86Fと同様に、翼端の燃料タンクや胴体の一部をオレンジ色に塗った機体が出現した。

1960年から6個のF-86F飛行隊が集合して戦技競技会がスタート。当時は通常塗装のまま参加していたが、1965年からはF-86Fに替わってF-104Jが初参加した。当初は飛行隊を識別するため胴体に赤やオレンジ、白などの太いストライプを記入したが、後に各飛行隊は制空迷彩や曇天を想定した塗装機が登場。飛行隊の中には晴天用と曇天用の2種類の迷彩塗装機を送り込んだり、事前訓練用に迷彩塗装を行なう飛行隊もあったため、毎回、飛行機ファンを楽しませてくれた。

また、当時は飛行隊創設記念塗装機は存在していなかったが、唯一、第204飛行隊の創設20周年を記念して、翼端の燃料タンクにスペシャルマーキングが施された。

▼1981年戦競に参加した第203飛行隊のF-104Jは、胴体上面と主翼上面、燃料タンクを水性塗料のブルーグレイで塗った迷彩塗装で参加。胴体側面や下面など、無塗装部分を残しているため迷彩効果は不明だが、第203飛行隊の中でも塗装パターンは各機若干異なっていた。（撮影／中嶋栄樹）。

◀第203飛行隊は積極的に迷彩塗装の研究を行ない、1982年戦競では完璧なブルーグレイ2色の迷彩塗装で参加した。682号機の左右のインテークにはハブと戦うマングースのイラストが描かれているが、当時は個人的なマーキングを行なう飛行隊は少なかった。写真は10月1日に三沢基地に飛来した際の撮影（撮影／安田孝治）。

▲左ページ下の写真と同じ機体で、この写真は1982年10月14日に千歳基地で撮影。水性塗料を使用しているため垂直尾翼の剥がれが激しいほか、主翼先端の燃料タンクも塗装ムラが激しいのが良く分かる。しかし、国籍標識と部隊マークはフルカラーで残されているのがアンバランスだ（撮影／中嶋栄樹）。

◀航空自衛隊初の対戦闘機戦闘（ACM）大会となった1979年戦競では、飛行隊を識別するため抽選で胴体にストライプが描かれた。その中でももっとも派手だったのが第203飛行隊で、胴体には赤・白・赤のストライプが描かれ、主翼下面も白く塗られているのが良く分かる（撮影／中嶋栄樹）。

▼この機体は1982年戦競に参加した第203飛行隊のF-104Jで、ハブとマングースを描いた682号機と比べると迷彩の色調が異なっているのが分かるほか、燃料タンクは無塗装のまま。しかし、胴体の国籍標識の白縁は消されているのに注意（撮影／中嶋栄樹）。

▼1979年10月15日に新田原基地で撮影された、第202飛行隊のF-104J。この機体も戦競参加機で、同飛行隊はブルーの太いストライプを胴体に描いて参加。胴体下面のランチャーに装備しているのはAIM-9Pサイドワインダーの訓練弾で、当時は赤く塗られていた（撮影／中嶋栄樹）。

▲事前訓練用にライトグリーン迷彩が施された第204飛行隊のF-104DJは、戦競では補佐官が搭乗して参加。同様な迷彩塗装は第207飛行隊のF-104DJなどにも行なわれた。この機体も機首周辺に剥げが目立つ（撮影／高橋泰彦）。

▼第204飛行隊は、1983年戦競に究極のロービジ塗装で参加。国籍標識、部隊マーク、シリアルナンバー、コーションデーター、ミサイルランチャーなどを含め機体全面をダークグレイでオーバースプレーをしたため、一見するとマーキングがまったく分からないが、国籍標識や機首のシリアルナンバー、垂直尾翼の部隊マークはかすかに残されている（撮影／中嶋栄樹）。

▲1982年戦競に参加した第202飛行隊のF-104J。撮影場所は小松基地で、目立つ主翼上面の白を含め全面ブルーグレイ迷彩のように見えるが、良く見ると2色の濃淡になっているのが分かる。また、胴体の国籍標識の白縁も塗りつぶされているので、迷彩効果は高い（撮影／中嶋栄樹）。

▶1982年3月16日、新田原基地のR/W28にアプローチする、第204飛行隊のF-104J。この機体は事前訓練用に使用されたためライトグレイとダークブルーグレイの2色迷彩塗装が施され、胴体の国籍標識の白縁も塗りつぶされているが、部隊マークなどは残されている（撮影／中嶋栄樹）。

▼1981年戦競に参加した第204飛行隊は限りなく黒に近いダークグレイのマーキングで参加したが、機体によって若干の色調や塗り分けパターンが異なる機体が存在した。この機体は胴体、主翼上面、垂直尾翼を黒に近いダークグレイ、コクピット周辺から胴体下面をダークブルーに塗り分けた迷彩塗装（撮影／中嶋栄樹）。

▲1982年3月16日に新田原基地で撮影された、第202飛行隊のF-104J。全面ダークグレイに見えるカラーリングだが、良く見るとレドーム直後からインテーク前までと、垂直尾翼の色調が若干異なり、国籍標識の白縁も塗りつぶされているため、曇天や逆光では垂直尾翼の部隊マーク以外は識別が不可能となる（撮影／中嶋栄樹）。

◀同じ日に撮影された第204飛行隊のF-104Jは、ステルス戦闘機を彷彿させる全面黒で、機首と垂直尾翼のシリアルナンバー周辺のみダークグレイとなっているため黒で描かれたナンバーが僅かに確認できる。当時は第202/204飛行隊共、戦競塗装機が残されていたので新田原基地のエプロンは賑やかだった（撮影／中嶋栄樹）。

▼F-104Jの全盛期時代には記念塗装が存在しなかったが、唯一、第204飛行隊は創設20周年を記念して燃料タンクにスペシャルマーキングを施した。撮影は1984年11月25日で、記念塗装のタンクは692号機に搭載されているが、他の機体がこのタンクを搭載した写真も存在している（撮影／中嶋栄樹）。

526
46-8638
526

76-8700

▼戦競塗装はグレイを基調とした制空迷彩や、ブルーグレイを基調にした曇天用の迷彩塗装が多かったが。1980年戦競に登場した第205のF-104J飛行隊の中には、派手なブルー 2色迷彩機を送り込んだ。ただし、胴体中央の上面のみ無塗装なのは不明（撮影／中嶋栄樹）。

▲F-104Jが初めて参加した1979年戦競に参加した第205飛行隊のF-104Jの胴体中央にはライトイエローとダークブルーのストライプが描かれたが、インテーク側面には小さく旧飛行隊マークが描かれている（当時、航空団共通のマークより、飛行隊オリジナルのマークに拘っていたようだ）（撮影／中嶋栄樹）。

◀この機体も1980年戦競に参加した第207飛行隊のF-104Jで、ライトブルーグレイ2色の迷彩塗装で、最小限のコーションデーター、国籍標識、タービンライン、シリアルナンバーなどは残されているが、垂直尾翼の部隊マークはオーバースプレーされている（撮影／安田孝治）。

▲1980年に三沢基地で撮影された、第207飛行隊のF-104DJ。胴体の一部と燃料タンクをオレンジに塗った仮想敵機役のマルヨンは各飛行隊に存在していたが、第207飛行隊のF-104DJのみエアクラフトグレイ。この塗料も水性塗料を使用していたため、退色が激しい（撮影／安田孝治）。

▼残念ながら撮影年月日は不明だが、小松基地で撮影された第207飛行隊のF-104J。最後の戦競に参加した時の迷彩パターンと同じだが、トーンダウンされ凄みが増している。ただし、国籍標識の白縁が残されているほか、部隊マークも原色のまま（撮影／中嶋栄樹）。

▲1985年7月26日に那覇基地のエプロンで撮影された、第207飛行隊のF-104J。当時、次の年の戦競塗装研究のため塗装は1年以上残されていた時代で、戦競終了直後に消されることはなかった。しかし、同飛行隊は翌年解散されることになる（撮影／中嶋栄樹）。

▼1982年8月11日に小松基地で撮影された第207飛行隊のF-104DJで、この機体は事前訓練で使用されたほか、戦競では統制機として使用された。マーキングは数年間残されたため、沖縄の強い日差しを浴び退色が目立っている（撮影／中嶋栄樹）。

◀1991年10月13日に行なわれた岐阜基地航空祭で展示されたF-104J。マーキングは第207飛行隊時代の飛行隊マークが残され、機首にはシャークティースが描かれているが、実はこのF-104Jは岐阜基地で保管されていた機体で、後にUF-104JA無人標的機に改造されている（撮影／石原 肇）。

▲迷彩塗装は基本的に、上面が濃く、下面が薄いカラーが使用されているが、1981年戦競に参加した第207飛行隊のF-104Jは上面がダークグレイ、主翼上下を含む胴体下面はブラックの逆パターンなのが珍しい。この機体の塗装も水性塗料を使用したためか、各所に剥げた部分が目立つ（撮影／中嶋栄樹）。

▼F-104J最後の戦競となった1984年戦競では、第207飛行隊は、グレイ2色の制空迷彩で参加。シリアルナンバー、最小限のコーションデータ、部隊マークは残されているものの、国籍標識の白縁は消され機首にはシャークティース、後半の機体に多く見られた黒のレドームなど、写真ファンにはもっとも人気が高かった戦競塗装のひとつ（撮影／高橋泰彦）。

F-104J/DJ/UF-104J 飛行隊 パッチ

F-104J/F-104DJ/UF-104J STARFIGHTER SQUADRON Patch

F-86Fセイバーが導入された当時、毎年のように飛行隊が新編され飛行隊の移動が激しかったため、部隊マークやパッチなどが設定されたのは飛行隊創設から若干遅れた。F-104の導入時には部隊マークやパッチは飛行隊が創設されると同時に設定された。当時は正式な飛行隊パッチ以外はほとんど製作されていないので、バリエーションは少ない。

第201飛行隊
201st SQUADRON

F-15に機種改編した現在も、基本的なデザインに変更がない第201飛行隊のパッチ。北海道に生息するヒグマのバックには、日の丸をイメージした赤い円が描かれている。

第201飛行隊 解散記念
201st SQUADRON "final"

1974年にF-104を使用していた第201飛行隊が解散した時に製作された記念パッチで、F-104のほか下部には使用した時期と部隊マーク、上部には金文字で「F-104J "EIKO"」の文字。

第201飛行隊 まるよんOB会
201st SQUADRON "04 OB"

1999年7月2日に行なわれた第201飛行隊出身のOB会記念のパッチで、基本的なデザインは解散記念と同じだが、上部には「千歳 まるよん OB会」の文字が入っている。

第202飛行隊
202nd SQUADRON

基地周辺の古墳にちなんで埴輪とF-104のショックウエーブに加え、第5航空団を意味する「V」を描いた第202飛行隊のパッチ。基本的なデザインはF-15に改編後も継承された。

第202飛行隊 解散記念
202nd SQUADRON "final"

F-104飛行隊として編成され、F-15に機種改編した第202飛行隊は2000年に解散した。このパッチは当時製作されたもので、F-104とF-15、航空団の「V」が描かれた。

第203飛行隊
203rd SQUADRON

日の丸をイメージした白縁の赤い円の中にF-104の平面型とショックウェーブを描いた第203飛行隊のパッチ。現在はバックは同じで、中央にはF-15の平面型が描かれている。

第204飛行隊
204th SQUADRON

九州の新田原基地に配備されていた第204飛行隊のパッチは、九州の地図をバックに飛ぶF-104。機種転換訓練も実施していたため、右側には「TRAINING」の文字が入る。

第204飛行隊
204th SQUADRON

1982年6月に行なわれたA.C.M MEETに参加した第204飛行隊のパイロットが使用したパッチで、正式なパッチとデザインは共通だが、黄色とオレンジを基調としたカラーに変更されている。

第205飛行隊
205th SQUADRON

第205飛行隊のパッチは、ヘルメットを被った能登御陣乗太鼓の鬼面をイメージしたデザイン。正式なパッチはオレンジ色だが、グリーンなどカラーが異なる数種類が存在した。

第206飛行隊
206th SQUADRON

F-15を装備する第305飛行隊の前身となる第206飛行隊のパッチは、偕楽園の「梅」をモチーフにしている。このデザインは現在も第305飛行隊に継承されている。

第207飛行隊
207th SQUADRON

AIM-9サイドワインダーを抱えたマルヨンをデザインした第207飛行隊のパッチ。7個の星は第7航空団を表し、那覇基地に移動後もこのパッチが使用された。

第207飛行隊
207th SQUADRON "Special"

数年前に販売された第207飛行隊のパッチで、戦競塗装のF-104と現役時代に描かれていた「207TFS」「ONE NO FOE」の文字が復活している。

第207飛行隊
207th SQUADRON "THE FINAL ONE"

このパッチも販売用に製作されたもので飛行隊名のほか、飛行隊の創設から解散までの年号と、配備されていた基地名などが描かれている。

第207飛行隊
207th SQUADRON "Sub patch"

第207飛行隊が百里基地から那覇基地に移動後、パイロットの肩に付けられていたパッチで、「守礼の門」と沖縄の守り神「シーサー」をデザインしている。

実験航空隊
AIR PROUING GROUP

衝撃波と人工衛星の軌道をイメージした部隊マークと、ヘルメットを被った長良川の鵜飼の鵜が魚をくわえたデザイン。現在は若干デザインが変更されている。

F-104 FIGHTER WEAPONS
F-104 FIGHTER WEAPONS

通称“ファイターウェポン”と呼ばれるF-104戦競課程修了者に与えられるパッチ。ロックオンしたターゲットをイメージしたデザインで、最近復刻版として販売された。

A.C.M MEET '82
A.C.M MEET '82

1982年6月に小松基地で開催された戦競の前身となる射撃大会の参加パッチで、当時は参加者全員が同じパッチを付けていたが、ほとんど写真は残っていない。

無人機運用隊
DRONE UNIT

UF-104を運用していた無人機運用隊のパッチは、硫黄島に生息する「サソリ」とUF-104、衝撃波に加え「南十字星」が描かれた。「サソリ」は部隊マークと同じデザイン。

ドローン・パイロット
DRONE PILOT

UF-104のパイロットが肩に付けていたパッチで、UF-104の平面型、下部には「DRONE PILOT」の文字が書かれ、整備員用のパッチも存在していた。

ファーストUF-104シューティング
FIRST UF-104 SHOOTING

1995年、最初にUF-104の実射が行なわれた時に参加したパイロットに与えられたパッチで、硫黄島から離陸したUF-104をF-4とF-15が迎撃するデザインだ。

セコンドUF-104シューティング
SECOND UF-104 SHOOTING

1996年に2回目の実射が行なわれた時に参加したパイロットに与えられたパッチで、デザインの変更は無いが、上部に描かれている文字は「SECOND」となった。

ラストUF-104シューティング
LAST UF-104 SHOOTING

最後の実射が行なわれた1997年に参加したパイロットが使用したパッチで、上部の文字は「LAST」。無人機運用隊、シューティングミートのパッチは航空祭で少数が販売された。

F-104J/DJの塗装とマーキング

Color and Markings of LOCKHEED F-104J/DJ STARFIGHTER

作図・解説／斎藤久夫（P-CRAFT）
Illustration and text : Hisao SAITO(P-CRAFT)

F-104J/DJは配備当初には、機体全面をアルミナイズ（FS17178）銀色塗装が施されていた。主翼は上面インシグニアホワイト（FS17875）、下面はエアクラフトグレイ（FS16473）に塗り分けられている。水平尾翼は上面アルミナイズ、下面エアクラフトグレイ

那覇基地に配備された第207飛行隊のF-104は潮風による外板の傷みを保護する目的で、胴体全面にエアクラフトグレイ（FS16473）を上塗り塗装した。

尾翼の前・後端部やマグネシウム合金使用部分は、アルミナイズ塗装の上からさらにエアクラフトグレイを上塗りして塗装強度を強めている。機銃口・胴体後部の排気口部分は無塗装の金属地肌。機首レドームはエアクラフトグレイ（FS16473）、機首操縦席前方・アンチグレア部分はミディアム・グリーン（FS34079）に塗装されていた。

図1　F-104J　第2航空団　第201飛行隊

F-104配備のファーストスコードロンとして、第201飛行隊は1962年3月に小牧で開隊され、9月に千歳に移動。解隊されたのももっとも早く、1974年10月に新編成の第302飛行隊と入れ替わる形で部隊の歴史を閉じた。部隊マークは非常にわかりやすい「201」のデザイン化したもの。

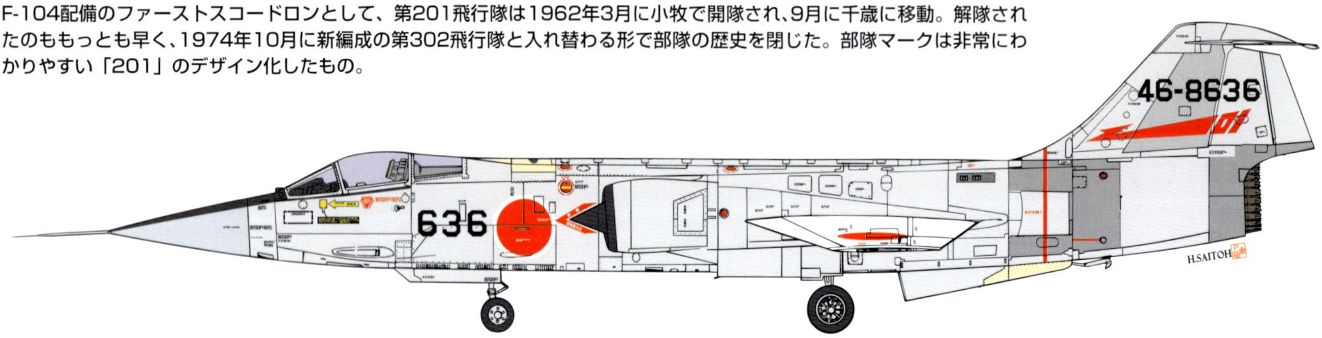

図2　F-104J　第5航空団　第204飛行隊

1964年12月に新田原基地で開隊された第204飛行隊は、先に編成された第202飛行隊と基地を共有し、部隊マークは影付きのV字（第5航空団を表す）を描いていた。図3の第203飛行隊に比べ、当初はVの字の底部がとがった形の、やや細身マークであることに注意。ジェットインテーク部分に赤いストライプ2本が書かれている。

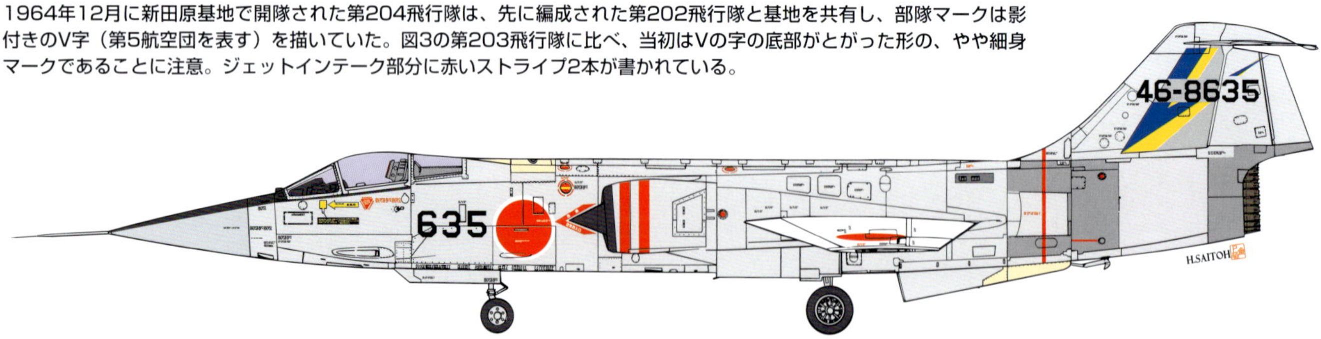

図3　F-104J　第5航空団　第202飛行隊

第204飛行隊とともに第5航空団を編成した第202飛行隊は、V字のカラーを黄色と赤に変えて判別した。図の機体は1979年度の航空総隊戦技競技会参加機で、胴体をブルーの太い帯で塗り分けた。

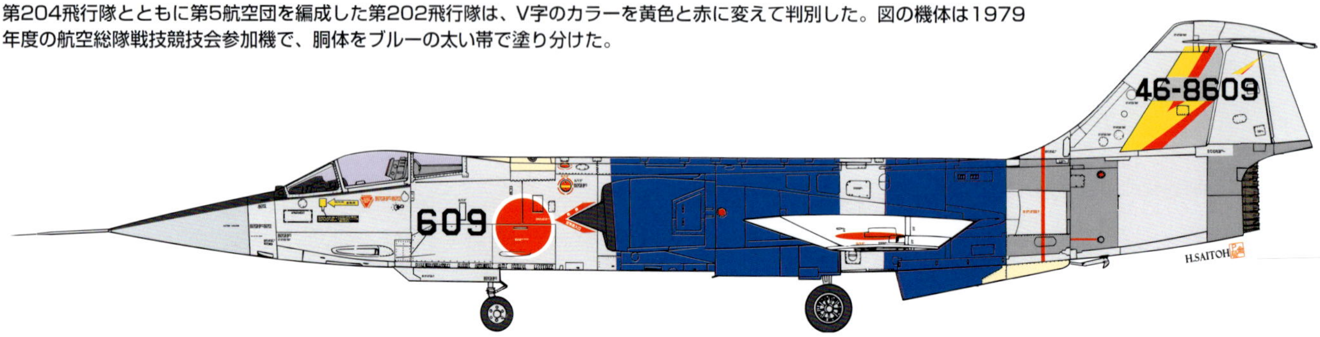

図4　F-104J　第6航空団　第205飛行隊

1964年12月に編成された、第205飛行隊の初期の部隊マーク。これは205の「5」を意味するVをデザインしたもので、1978年4月に第6航空団としての新マークに変更された際、旧マークに強い愛着を持つ隊員たちからの要望で新マークに書き換えられたあとも、インテークに小さくはなったが旧マークが移されて残された。

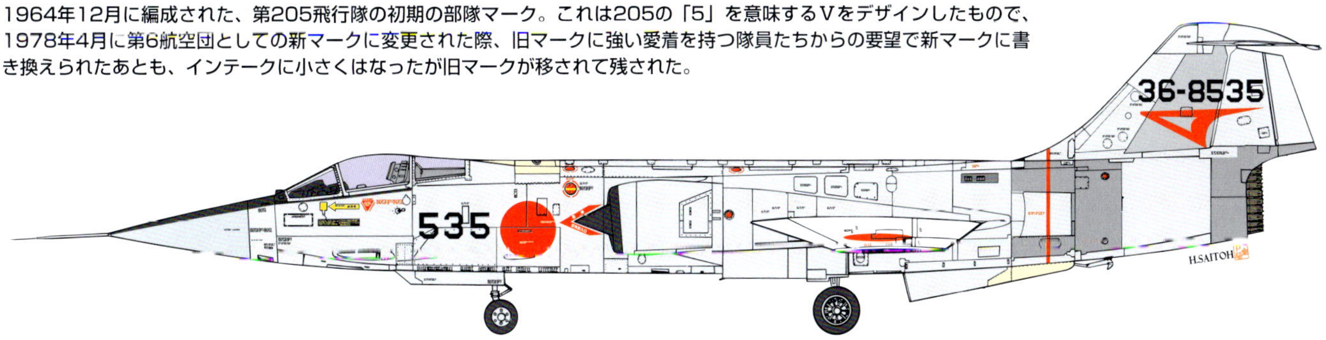

図5　F-104J　航空実験団（APW）

F-104Jが配備された当時は、実験航空隊（APG）と呼称された各種運用テストを担当する部隊。当初は黄色いマークにAPGの文字だったが、1974年4月に航空実験団（APW）と改称されてからは、ブルーのマークに赤で「APW」という文字に変更された。

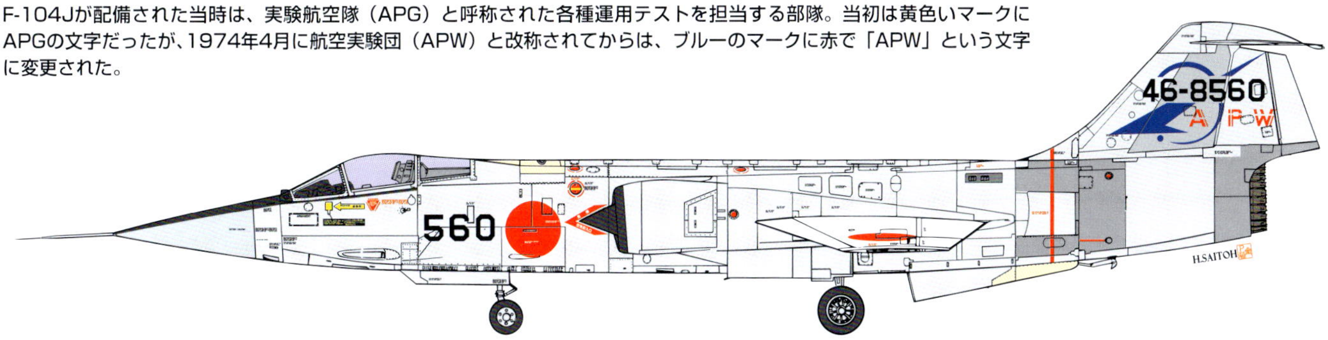

図6　F-104J　第2航空団　第203飛行隊

1979年の戦競に参加した際のマーキングで、隊別に色分けがなされ、第203飛行隊は胴体中央部を赤・白・赤に塗り分けた。千歳基地に展開したため、北海道にゆかりのヒグマと雪ダルマをモチーフに「203」をアレンジしたマーキングが、ユニークながら秀逸。

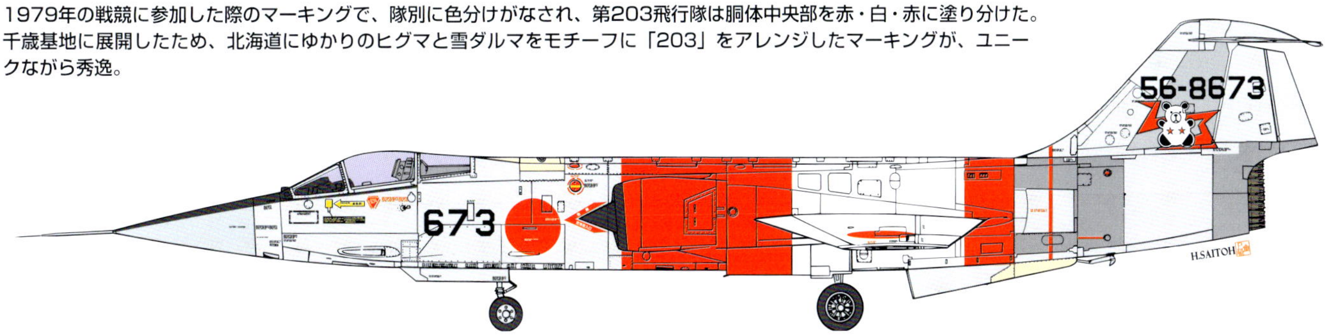

図7　UF-104J　航空実験団（APW）

1989年、モスボール保管されていたF-104Jを無人標的機に改造した14機のうちの1機。機体は胴体のほとんどをエアクラフトグレイに塗った、いわゆる塩害防止の後期塗装。水平・垂直尾翼と主翼端のドロップタンクをインシグニアレッド（FS11136）に塗り、標的として目視しやすい塗装となっている。ノーズコーンは黒。

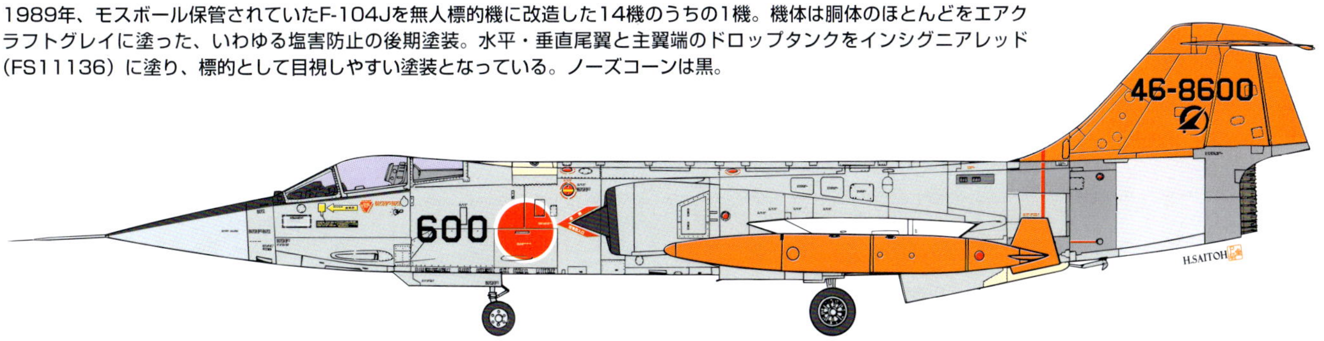

図8　F-104J　第5航空団　第202飛行隊

戦競参加時にはさまざまな試験的迷彩が施されるようになった1975年以降、F-104にとっても多種多様な迷彩が出現した。この第202飛行隊のF-104Jはグレイとエキストラ・ダークグレイの迷彩で、排出口部分と主翼端に黒塗装が加えられた凄みのあるもの。日の丸は白ふちが消されている。

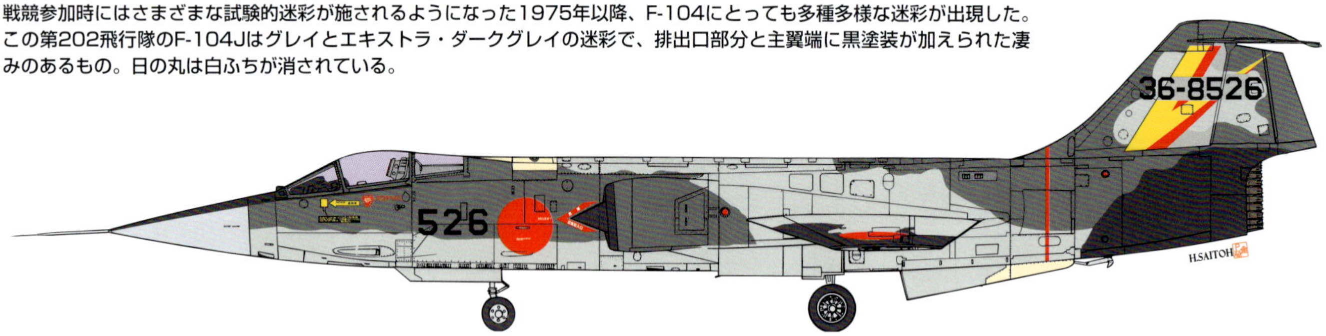

図9　F-104DJ　第7航空団　第206飛行隊

複座練習機・F-104DJの配備当初の塗装は単座のF-104Jとほぼ同仕様で、細かなステンシル類には単座と差異がある。第206飛行隊は第7航空団を表す「7」をデザイン化し、水戸の名木、梅の花がシンボライズされている。僚隊の第207飛行隊は「7」の部分が赤。

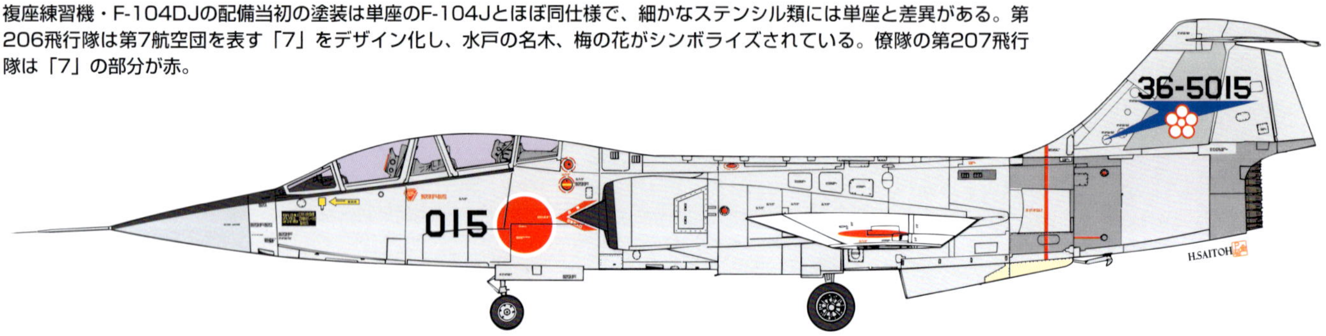

図10　F-104DJ　南西航空混成団　第207飛行隊

1972年に沖縄が米国より返還されたと同時に那覇基地に移動した第207飛行隊は、冒頭の塗装説明に書いたように、潮風からの塩害防止策として、胴体全面にポリウレタン・エナメルのエアクラフトグレイをオーバーコートした。インテークのエッジとショックコーンは従来の黒から、機体色と同色に塗装されている。尾翼の部隊マークは、百里時代には図9の第206飛行隊と同じデザインだったものが一新され、那覇基地進出後は南十字星を加えた新しいマークとなった。

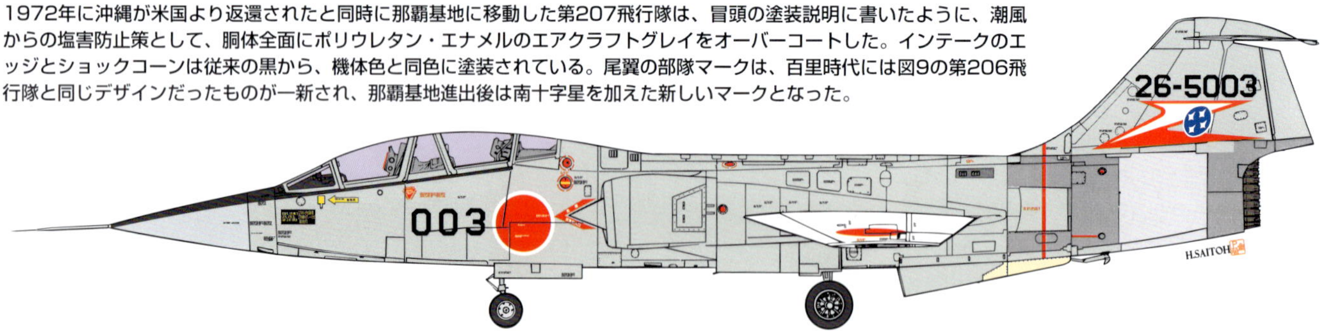

図11　F-104DJ　第5航空団　第204飛行隊

航空総隊戦技競技会の参加機と同様の迷彩が施されているF-104DJで、戦競の事前訓練用として塗装されたものとみられる。機体全面をエアクラフトグレイに塗装し、上面にダークグリーンの迷彩がかけられた機体。レドームは黒で、インテークのエッジとショックコーンは銀色。

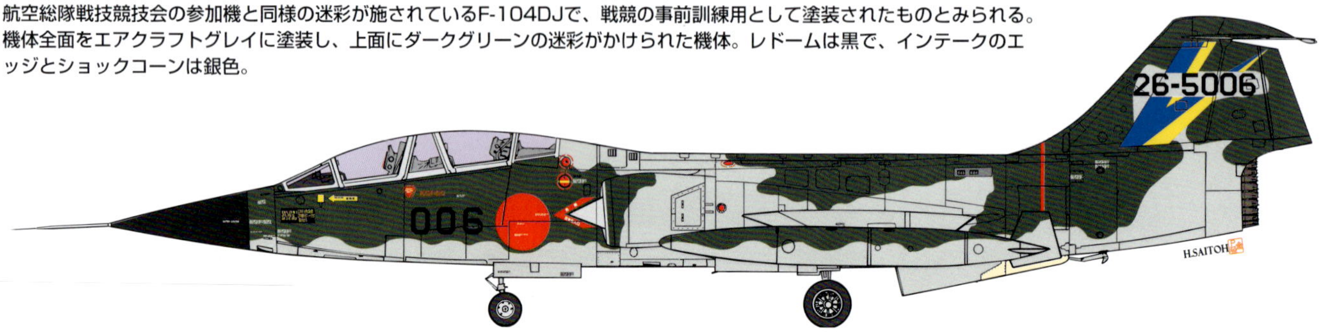

LOCKHEED F-104J/F-104DJ/UF-104J STARFIGHTER DETAILS & WEAPONS

ロッキードF-104J/F-104DJ/UF-104J ディテール＆ウェポン

（撮影／航空自衛隊）

（撮影／本誌）

（撮影／熊沢 汎）

（撮影／熊沢 汎）

（撮影／本誌）

（撮影／本誌）

（撮影／細渕達也）

▲民間のトレーラーに乗せるため、前脚および胴体後部、レーダーなどが外されたF-104Jの663号機。この機体は用途廃止となった後、岐阜基地で保管されていたが、現在は芦屋基地のゲートガードとして存在している。レーダー部分にはシートが掛けられているため見えないのが残念だが、ディオラマで再現してみたいシーンだ（撮影／細渕達也）。

▶ロッキード社で生産途中のF-104で、機体は無塗装だがキャノピーはキズがつかないようにマスキングされている。レーダー部分はすでにグレイで塗装されているのが分かる。コクピットを作業するため大型のラダーを使用しているほか、レドームは前方に引き出され点検作業を受けている（撮影／ロッキード）。

◀マルヨンは導入当初、無塗装銀まま引き渡されたが、後に外板保護のためアルミナイズ塗装が施された。垂直尾翼および胴体後部のエンジン周辺は材質の違いによって色調が異なるのが良く分かる。ただし、胴体や主翼上面などは作業のため、養生シートが貼られている（撮影／ロッキード）。

▲レーダースコープ、エンジンなど一部は外されているが、完全な状態で北海道の千歳基地で保管されているF-104J 689号機。毎年、8月に行なわれる千歳基地航空祭で展示されている御馴染みの機体で、このほかT-34Aメンターも保管されている。退役した機体を完全な状態で残している、全国でも貴重なマルヨンだ（撮影／本誌）。

▲マルヨンが開発された時代の超音速ジェット戦闘機は後退翼が定番だったが、F-104は直線翼を採用した。これはダグラスX-3実験機の主翼を参考にして、主翼の付け根部分の厚さは10cm以下というナイフのような薄さが特徴（下面に燃料タンクを搭載するための強度を考慮するとこれが限度だった）。コクピット後方には電子機器室があり、点検パネルは2枚に分割されるのが良く分かる（撮影／ロッキード）。

▼生産途中のマルヨンの胴体後部。ハチロクやマルヨンは、胴体後部を外してエンジンを整備できるように工夫されているため、キットでも胴体後部が分割できエンジンが付属する製品も多い。胴体内側のフレームなどが良く分かるので、キットではプラ棒などを使用して実感を高めたい部分だ（撮影／ロッキード）。

▶胴体の形状が完成した状態の写真で、胴体上側には養生シートが貼られ、機首左右にはレドームを引き出すためのレールの形状が良く分かるほか、20mmバルカン砲の収納部、前脚収納部などキット製作上、参考になる部分も多い（撮影／ロッキード）。

▲F-104の尾翼はT字型を採用したので、当初は緊急脱出の際に上方に脱出すると垂平尾翼に接触する危険性が高く、そのため、下方に脱出する方法が採用された。しかし、超低空飛行時やもっとも事故が発生する確率が高い離着陸時には不向きな方法だったため、生産途中から上方に脱出する方式に変更された。下面の点検パネルは残され、シートの交換などで使用された（撮影／本誌）。

▼赤い三角形のマークは射出座席の警告マークで、同座席を搭載した機体のコクピット左右には全機に描かれている。黄色の矢印は通称“レスキューアロー”と呼ばれ、矢印の先端には緊急時に脱出する方法が描かれている（撮影／本誌）。

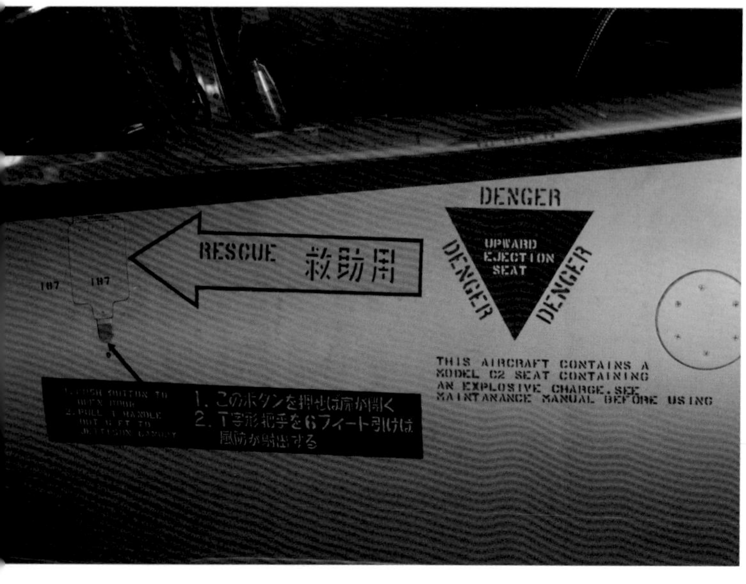

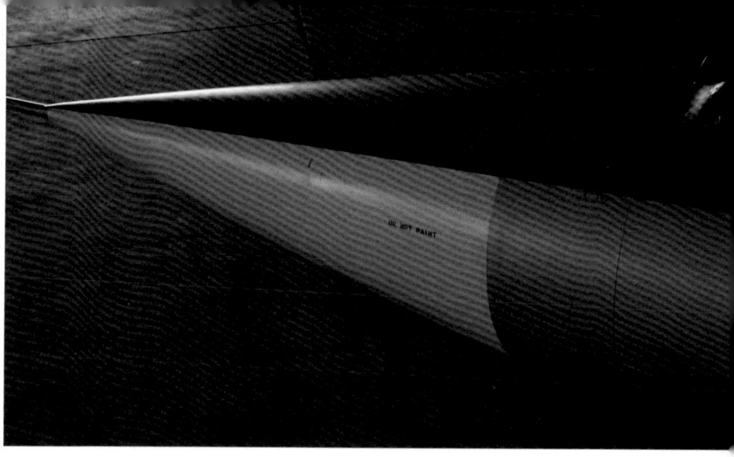

▲レドームはレーダーに影響が少ない強化エポキシ積層材を使用していたため、全機グレイに塗られていた。基本的にレドームの塗装は禁止されている。末期になるとエポキシ積層材の劣化に伴い炭素系の素材を使用した黒いレドームに交換された機体が存在したが、機数は少なかった（撮影／本誌）。

▼前部キャノピーの前には赤外線探知装置のフェアリング、計器パネル上面には光学照準器が配置され、ウインドシールド部分は布製で強い日差しの下でレーダースコープを見るため、原始的だが部分的に引き出してサンバイザーの役目をした（撮影／本誌）。

▼ハチロクやマルヨン時代、キャノピーの上にヘルメットを置いた状態で駐機する写真を見ることが多い。現在は救装室にヘルメットやGスーツが保管され、フライト前にはフル装備して、ルームアウト前には酸素マスクやマイクのテストを行なうのが普通だが、当時、ヘルメットはキャノピーの上に置いたままだった（撮影／高橋泰彦）。

▲マルヨンは航空自衛隊の戦闘機の中で唯一、キャノピーが左側に開くタイプで、中央のみ開閉することができた。ハチロクと同様にヘルメットを被った状態で着席するとキャノピーとヘルメットのクリアランスはほとんどなく、後方の視界も確保されていない。また、ベイルアウト（緊急脱出）時は、キャノピーを投棄できるように設計された（撮影／本誌）。

◀マルヨンやファントムなどはコクピットに専用ラダーを引っ掛けて乗り降りを行なうが、F-104の場合は専用の大型タラップを必要としたため、支援機材も特別な物が必要だった。単座型のF-104Jのエアインテークの前縁とショックコーンは黒で塗られているが、複座型のF-104DJは無塗装（撮影／本誌）。

▼岐阜基地で撮影された、航空自衛隊向けのF-104Jの2号機。キャノピー内側には曇り止め用エアダクト、フレームにはバックミラーなどが設置されているので、キャノピーを開放する場合はディテールアップしてほしい（撮影／熊沢 汎）。

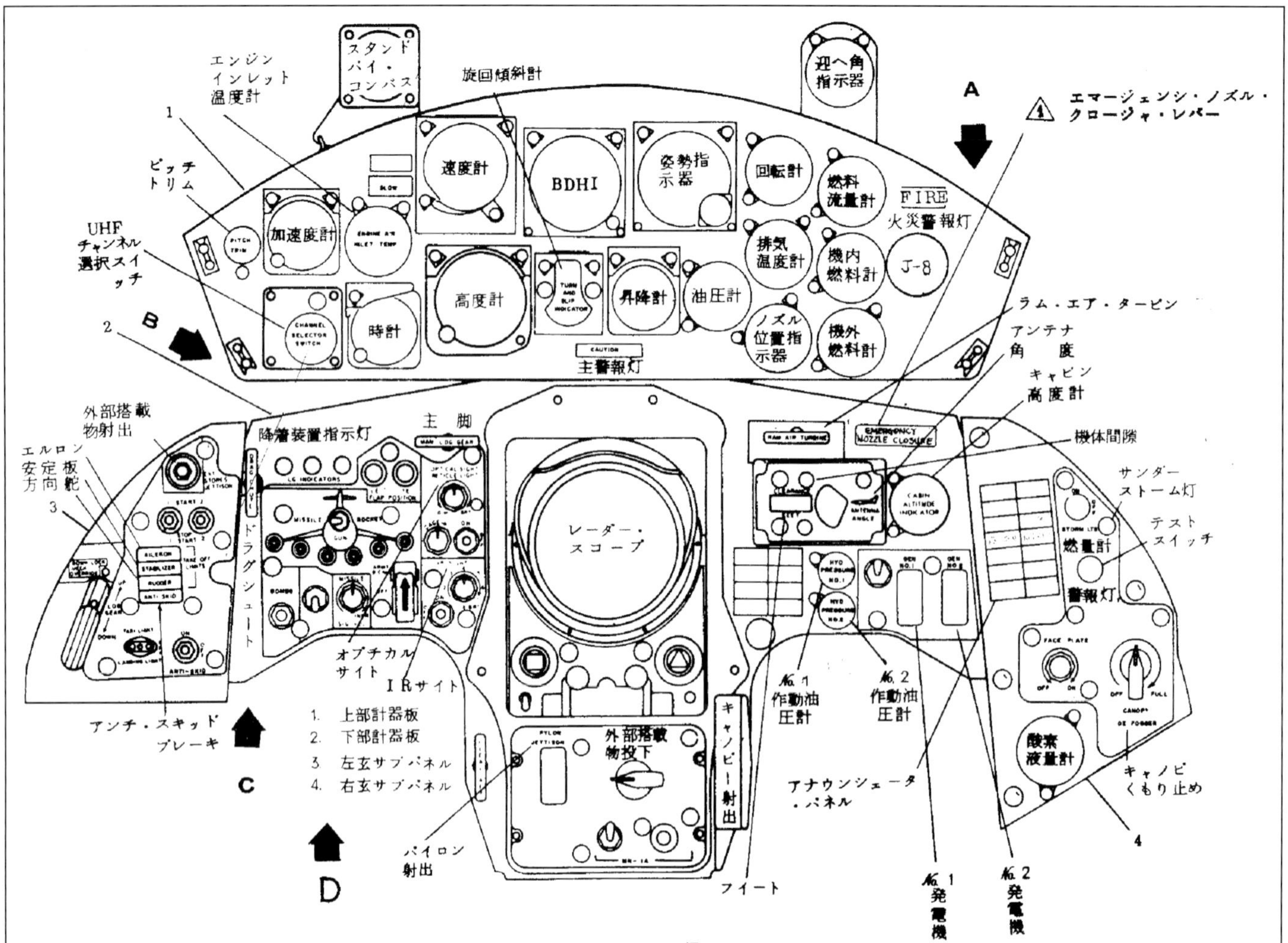

計　器　板

◀計器パネルの中央には丸いレーダースコープが設置されているが、この機体は用途廃止機なのでプレートで塞がれている。写真では分かりにくいが左側にはF-104の正面形が描かれた計器が見える。これは兵装制御パネルで、ウェポンの搭載を表示する。上部パネル中央左から速度計、コンプレッサー温度計、姿勢指示器、下左側から高度計、旋回傾斜計、昇降計が並ぶ（撮影／石原 肇）。

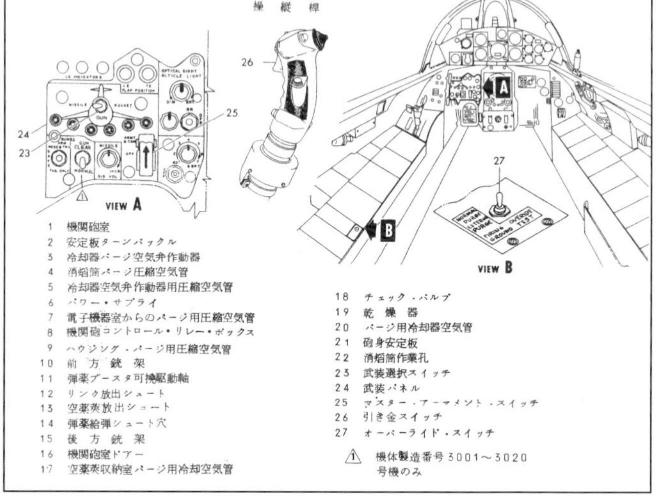

◀F-104JのベースとなったF-104Gはマーチンベイカー社製Mk.GQ7A射出座席を搭載していたが、航空自衛隊のF-104J/DJはロッキード社製C-2を搭載。この座席は強制開傘展開装置を追加したため高度ゼロ、60KIASまでの範囲で脱出可能となった（撮影／本誌）。

▼この機体は千歳基地で保管されているF-104Jで、レーダースコープ部分を塞ぐプレートには北海道の地図が映し出されている？　計器パネル上部左右に突き出ている計器は、左側がスタンバイ・コンパス、右側が抑え角指示器で、中央には操縦桿が見える（撮影／本誌）。

▲マーチンベイカー社製のMk.GQ7Aとロッキード社製C-2の大きな違いは座席の幅で、マーチンベイカー社製の座席は肩が当たる部分とヘッドレスト部分の横幅が広い。ヘッドレスト横の黄色いリングは手動ケーブルカッターで、写真はキャノピーを開いた状態だが、座席とキャノピーのクリアランスがほとんどないことが分かる（撮影／本誌）。

▶航空祭で展示された高高度用のヘルメットとフライトスーツ。スタイルは宇宙服を簡素化したタイプで、要撃訓練時に使用されたが、普段は通常のヘルメットとフライトスーツを着用していた。ちなみにヘルメットはライトグレイ、フライトスーツはオレンジ（撮影／高橋泰彦）。

▼左側サイドパネル。前方からスロットル、レーダー制御パネル、自動操縦制御パネル、UHF指示無線制御パネル、緊急UHF制御パネル、機関砲発射地上テストスイッチなどが並ぶ。写真でも分かるように、ハチロクと同様に小柄な日本人でもマルヨンのコクピットは狭かったという（撮影／本誌）。

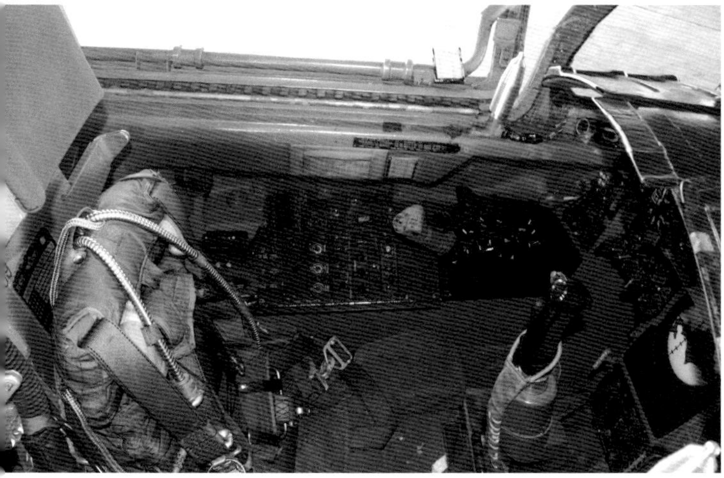

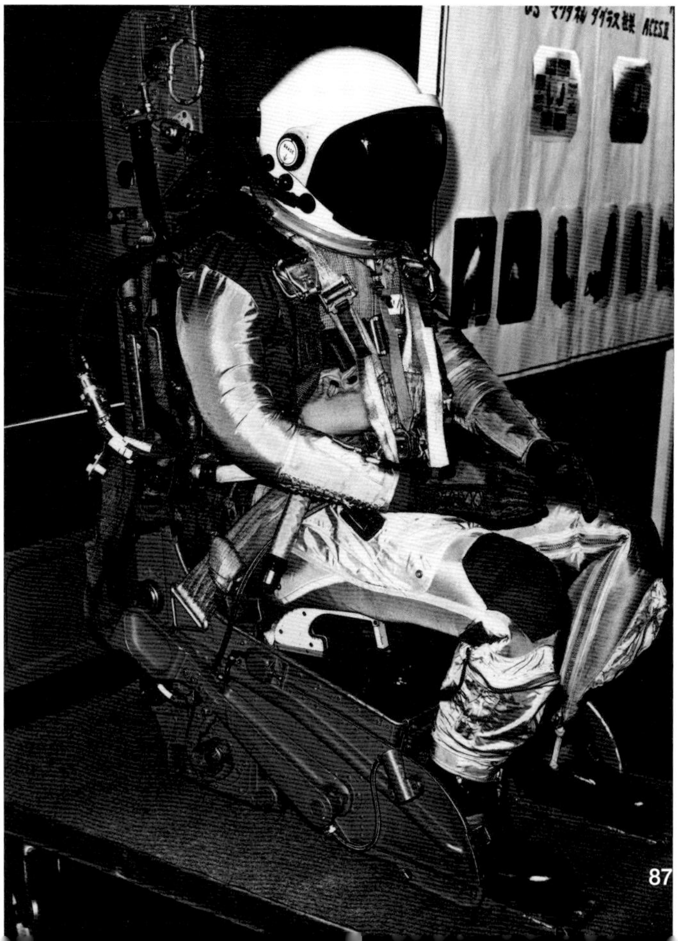

◀那覇基地のエプロンでエンジンスタートする、第207飛行隊のF-104J。塩害対策のため全面エアクラフトグレイに塗られ、黒い炭素系素材の新型レドームに換装した機体。バックには第5航空隊のP-2Jが見える（撮影／石原 肇）。

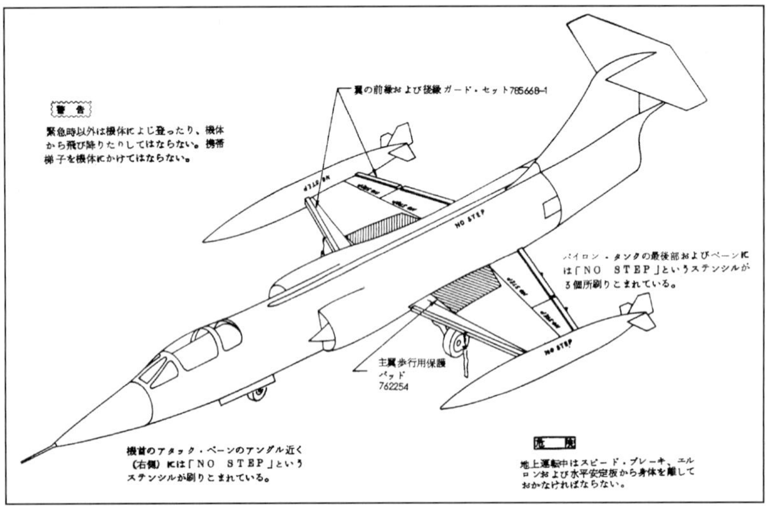

▼ロールアウト時はトップシークレットだったため、金属製のプレートで覆われ、公表された写真も修整されていたショックコーンは固定式で、先端の頂角60度。このマッハコーンでマッハ2の超音速から発生する衝撃波の流入空気を徐々に減速される工夫が施されている（撮影／本誌）。

▼キャノピー後方にはUHFアンテナが内蔵されているので、この部分のみタン（茶色）で塗装されているが、退色した機体も多かった。中央には航法灯があり、このほか胴体下面、左右のエアインテーク側面、胴体後部など計8ヵ所に航法灯が配置されていたが、F-4EJではパネルライトに変更された。右下に見える赤い円は一点加圧式給油口（撮影／本誌）。

▲胴体後部はエンジンの熱で塗料が溶けるのを防止するため無塗装となっている。材質の違いでパネル毎に微妙に色調が異なっているので、キットでは部分的に色調を変え実感を出したい部分だ（戦競塗装などは、塗装期間が短期間なので、この部分まで塗装した機体も存在した）。赤いラインはタービンの位置を示すライン（撮影／本誌）。

◀20mmバルカン砲の弾体を連結しているリンクを放出するためのデリンカーで、同じ20mmバルカン砲を搭載した三菱F-1も同様に装備しているが、F-4EJでは廃止された。前方にはアクセスドアがある（撮影／本誌）。

◀▼マルヨンの主翼上面は白く塗られているため（下面はエアクラフトグレイ）国籍標識の白い縁は省略されている。写真では分かりづらいが主翼の前後縁はナイフのように鋭いので、安全を考慮して駐機時は赤く塗ったガードが付けられている。先端には燃料タンクを装備した状態が一般的で、後方のフィンの形状が上、両サイドとも異なっている（撮影／本誌）。

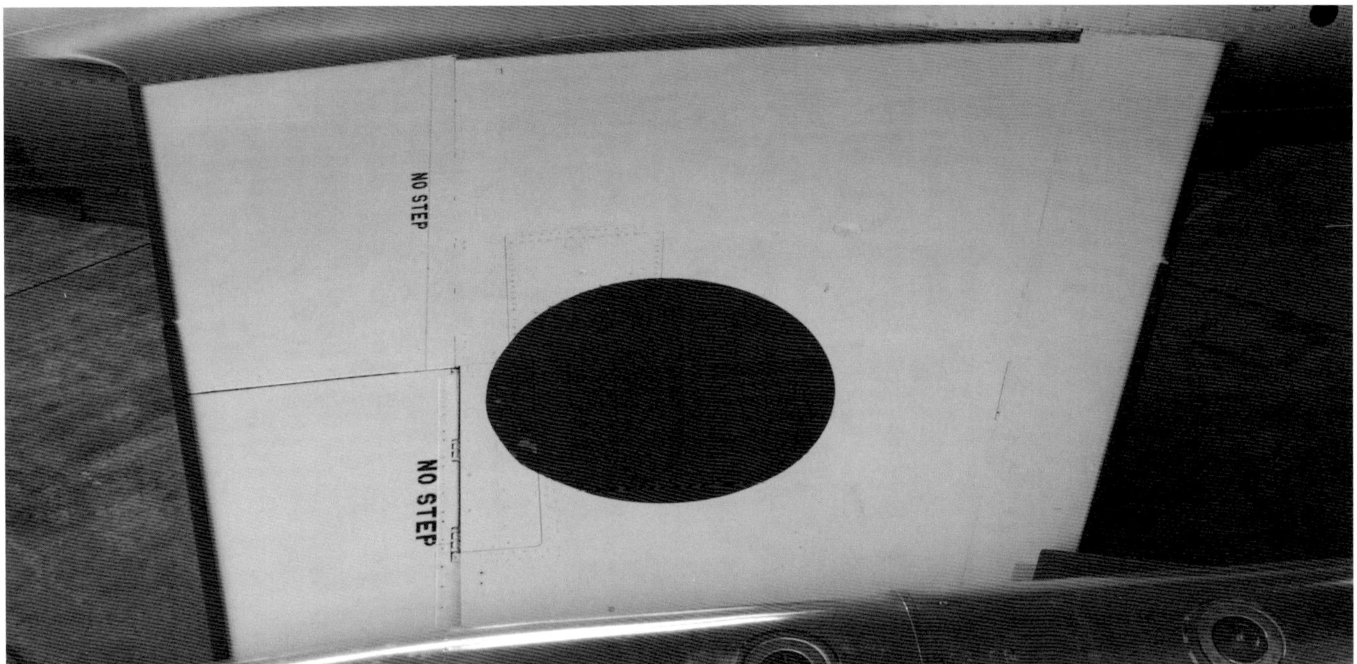

◀▲極限まで空気抵抗を減らした主翼は極端に薄く、当時はマルヨンを越える戦闘機の出現は想像できなかったほどだ。主翼上面のみ白く塗った意味は不明だが、戦闘機戦闘訓練（ACM）では機動飛行を行なうと目立つため、戦競ではオーバースプレーして参加した飛行隊が多かった（撮影／本誌）。

◀三菱重工小牧工場で整備中のF-104J。最近はMRJやX-2の初飛行で話題が集中している三菱重工小牧工場は、外部から工場内部がほとんど見えなくなってしまい撮影も禁止されているが、当時は簡単な塀があったのみで、整備中の機体を撮影することができた（撮影／熊沢 汎）。

▼ベントラルフィン右側には緊急時に使用するアレスティングフックを装備している。空気抵抗を減らすため胴体下面に半埋め込み式で設置されている。艦載機とは異なり細いリリースケーブルで固定され、緊急時以外は使用することがないため、ダウン状態にすると自動では復帰できない（撮影／本誌）。

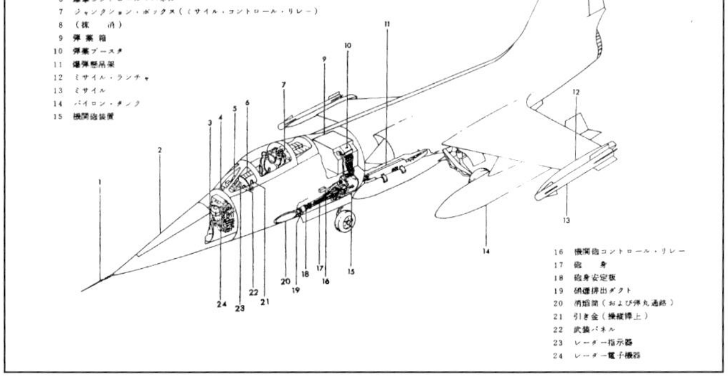

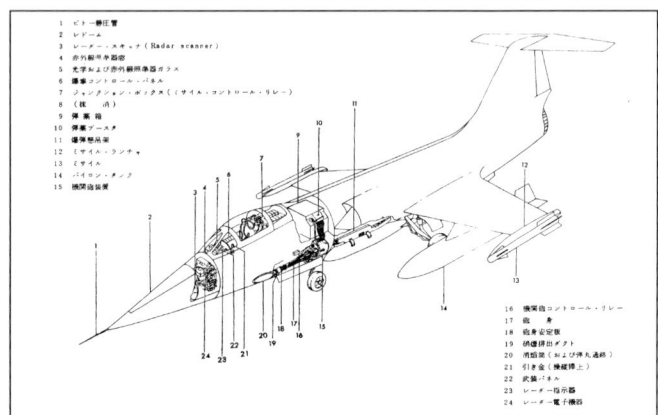

▶エンジンは石川島播磨重工でライセンス生産された、J79-IHI-11Aを搭載。エンジンノズルは黒に近く、後継機として採用されたF-4EJもJ79系のエンジンを搭載しているが、ノズルの形状は若干異なっている（撮影／本誌）。

◀岐阜基地の第2補給処で保管されていた元、第202飛行隊のF-104J。エンジン整備のためか、胴体後部を取り外し作業中のシーンで、専用のドリーの形状や人員の動きが良く分かるほか、主翼後部には危険防止のためのガードが付けられ、「REMOVE BEFORE FIGHT」と描かれた赤いセイフティリボンが付けられている。ちなみに、671号機は後に廃棄処分となっている（撮影／細渕達也）。

▲▼垂直尾翼と水平尾翼も主翼と同様に空気抵抗を極限に減らしたため、非常に薄いのが特徴だ。マルヨンは超音速戦闘機としては珍しくT型尾翼を採用したため、スマートな胴体とT尾翼が最大の特徴。この機体の水平尾翼後部には国産のJ/APR-1レーダー警戒アンテナが追加されているが、制式に採用されなかったため、このアンテナを装備した機体は少ない（撮影／本誌）。

▲主脚のホイール間隔は約4.5mで意外と狭い。油圧作動式で約5秒で完全に収納され、主タイヤは90度回転して収納される。脚カバーは2分割されているが、メインのドアは脚柱から上方に突き出ている細いアームと連動して閉じる。また、脚カバー内側にはランディングライトが設置されている（撮影／石原 肇）。

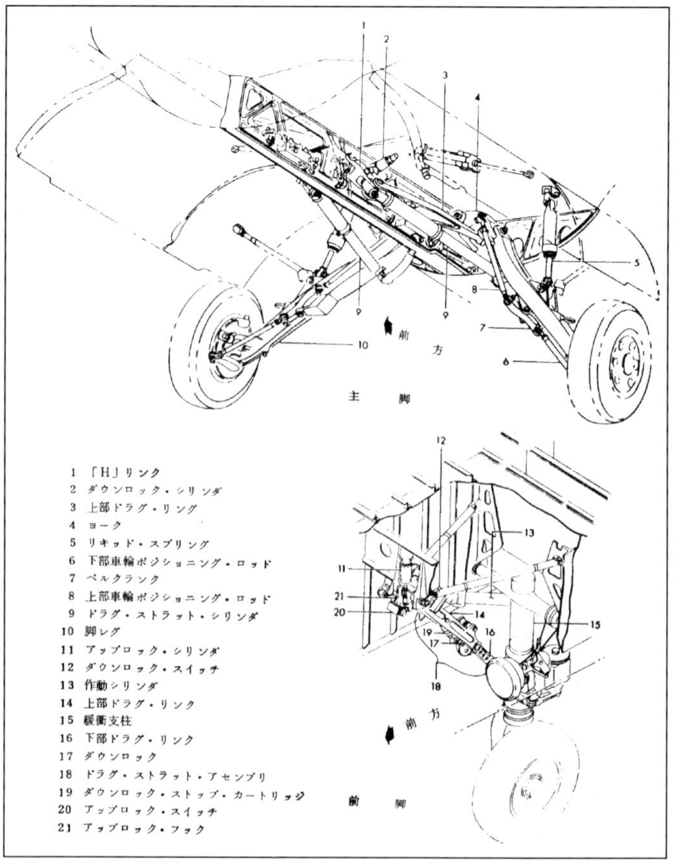

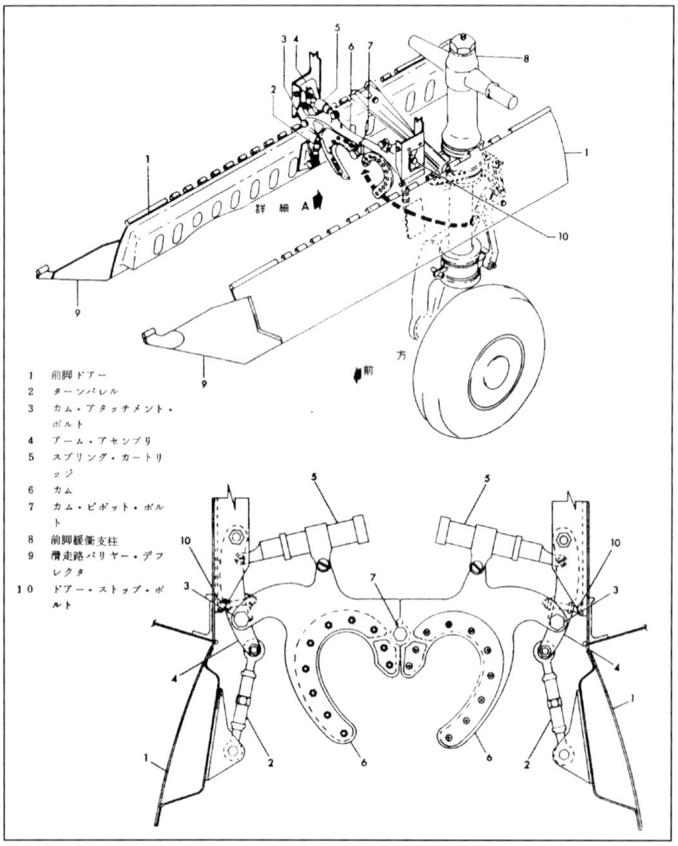

▶単座型のF-104Jの前脚は油圧で前方に引き込まれる方式で、複座型のF-104DJは後方に引き込まれるのが大きな違い。前脚はステアリング機構が装備され、脚収納庫内に見えるハート型の部品は「カム」と呼ばれ、単に脚柱の振れ止め程度の簡単な構造。左右の脚カバーは脚と連動して閉じられ、脚柱にはタキシーライトが設置されている（撮影／石原 肇）。

◀前脚を真横から見る。脚柱と左右に分割された脚カバーはシンプルな形状で、真横から見るとタキシーライトなどが見えない。オレオ部分は可動するため完全に無塗装なので、アルミナイズ塗装された部分と色調を変えたい（撮影／本誌）。

▶▼主タイヤのサイズは26×6.6インチで、脚柱とホイールはアルミナイズ塗装。サンニイ・クラスのキットならばチョーク（車止め）を自作すると実感が増すので、参考にしてほしい（撮影／本誌）。

▲◀▶マルヨンはエンジンを整備、交換する場合は胴体後部を外すことができたため、キットの中にはエンジンをパーツ化して整備状態を再現できるキットも多く、参考になるだろう。胴体後部に描かれている赤いラインはタービンの位置を示すためのラインで、胴体を切り離す位置を示すラインではない。モノクロ写真なので参考にはならないが、浜松基地に隣接する「エアパーク」には実物が展示されているので、ディオラマを製作する時は参考にしてほしい（撮影／熊沢汎、本誌）

▲▼岐阜基地の第2補給処で、主翼を外されモスボールされて保管されていたF-104J。機体は機首のピトー管からエアインテークまで完全にモスボールされ、脚柱のごく一部とタイヤのみが残されている。シリアルナンバーは不明だが、種類上はアメリカに返却され、実際には台湾空軍に引き渡された機体と思われる（撮影／細渕達也）。

▼消火訓練に使用されたF-104J。以前は、用途廃止となった機体を消火訓練に使用していたため、マルヨンを愛した隊員や飛行機ファンには心が痛む写真だ。しかし、この影でF-15のミサイルで撃墜された機体も存在していたので、今も各基地や博物館で大事に保管されている機体は幸せだ（撮影／細渕達也）。

▲レドーム、脚、主翼、垂直尾翼などがすべて外された状態で搬出される、マルヨン。見る人が見るとマルヨンの胴体だとひと目で分かるが、一般の人には分からないほどだ。この機体もスクラップにされずに、アメリカに返却された機体だと思われる（台湾に引き渡されたかも）。航空自衛隊のF-104Jの中には台湾空軍で使用された機体も存在したが、逆に航空自衛隊は過去に台湾空軍から中古のC-46Dコマンドを購入している（撮影／細渕達也）。

▲胴体下面にAIM-9Pサイドワインダー空対空ミサイルの訓練弾を搭載して、岐阜基地に着陸する第204飛行隊のF-104J。現在はアラートに就く機体には20mmバルカン砲の実弾に加え、AIM-9LやAAM-3空対空ミサイルの実弾を搭載しているが、当時のアラート機の実弾はバルカン砲弾のみで、訓練用のAIM-9を搭載することは珍しかった（撮影／細渕達也）。

▶主翼下面にJLAU-3ロケット弾ポッドを搭載してタキシングする、第206飛行隊のF-104J。先端には空気抵抗を軽減するためフェアリングが付けられているが、このフェアリングはロケット弾発射と同時に外れる、簡単な構造となっている（撮影／高橋泰彦）。

◀胴体下面に訓練用のSUU-21/Aディスペンサーを搭載して、三沢基地をタキシングする第207飛行隊のF-104J。要撃戦闘機として開発されたF-104は空対空戦闘や空対地戦闘には不向きとされていたが、航空自衛隊は積極的に戦術研究を行なった（撮影／安田孝治）。

▼胴体下面にSUU-21/Aディスペンサー、主翼下面にJLAU-3ロケット弾ポッドを搭載して、空対地攻撃仕様で三沢基地をタキシングする第205飛行隊のF-104J。この機体が胴体と主翼下面同時にウェポンを搭載することは珍しく、三沢基地でもほとんど見ることができなかった（撮影／安田孝治）。

▲主翼下面に167Gal燃料タンクを改造したJ/ALQ-4 ECMポッドを搭載してタキシングするF-104J。このポッドの後部には警戒用アンテナが設置され、搭載する場合は若干の改修が必要だったため、特定の機体のみが搭載可能で、このポッドを搭載した機体は非公式に「EF-104J」と呼ばれた（撮影／高橋泰彦）

▲ダートターゲットはフィンの中に石灰が入れられ、20mm機銃が命中すると煙が上がる原始的なターゲットで、基地に帰投すると、基地内または周辺のエリアで切り離して着陸。改修されたターゲットに命中した20mm弾には色が付けられ、誰が命中したかすぐ分かる工夫が施されていた（撮影／高橋泰彦）。

◀ ▶ダートターゲットはTDU-10Bターゲットと、RMU-10/Aリールポッドを組み合わせたA/A37Uトウ・ターゲットシステムで、長さ701mのワイヤーで曳航される20mm 機銃専用だが、現在は使用されていない（撮影／石原 肇）。

▼DF-6RCデルマターゲットは2.75inロケット弾用ターゲットで、外観は第二次世界大戦中の通常爆弾に良く似ているため、爆弾と間違えられることもしばしばあった。このターゲットはロケット弾用だったため亜音速専用（撮影／石原 肇）。

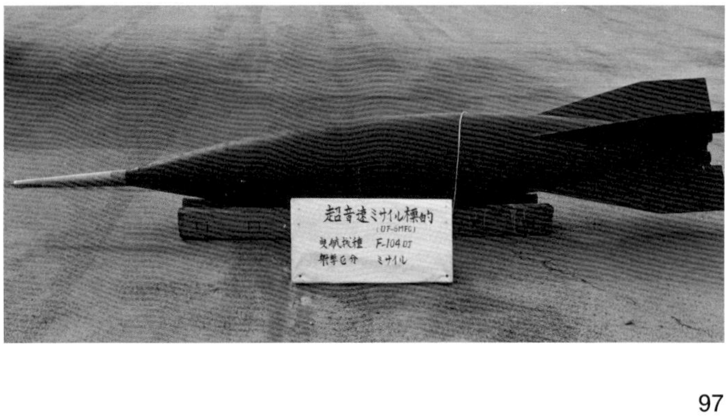

SPECIAL INTERVIEW

元UF-104Jパイロットに無人機運用隊の創設・運用を聞く

インタビューをお願いした元UF-104Jパイロットは教育課程終了後、第207飛行隊にF-104パイロットとして所属。同飛行隊が解散直前には、マルヨンが配備されていた千歳基地と百里基地に2機のF-104Jでサヨナラフライトを実施したうちの1人で、後にF-4EJに機種転換して第306飛行隊、第21飛行隊では教官として所属していた。UF-104Jのパイロットの基準はF-104の操縦経験者およびT-2教官資格者だったため、1996年から解散するまでの2年間、無人機運用隊でUF-104J/JAの運用を行なっている。

まとめ／石原 肇

▼ロッキード社から送られてきたF-104パイロットの証明書。大きさは名刺サイズで厚紙製だが、氏名のほか操縦資格を取得した世界中のF-104パイロットのシリアルナンバーが記入されている。

航空自衛隊最初で最後？の無人標的機となったUF-104J/JAのルーツは、1986年に最後まで沖縄の那覇基地に配備されていたF-104Jの中から用途廃止となった約30機以上が、岐阜基地の第2補給処に集められてモスボール（密閉保管）されたもの。当時、航空実験団では4機のF-104Jを運用していたが、最後まで残っていた機体の運用を1989年3月までに終了、用途廃止となり航空自衛隊での運用を終えていた。しかし、アメリカ空軍、海軍では余剰となったF-86FやF-100などをフルスケールドローン（無人標的機）に改造していたため、航空自衛隊も渡米して無人機を使用したミサイル性能テストや戦術などの運用／情報収集を実施。その結果、岐阜基地の第2補給処で保管されていたF-104Jを無人標的機に改造する研究開発費が1987年度と1988年度に計上された。この無人機改修は航空自衛隊にとっては初の経験で、F-104のライセンス生産を行なっていた三菱重工で改修されることになった。主な改修部分は無人機に不要なNASARR F-15J火器管制装置およびコクピット後方の電子機器データリンク、レーダースコープ、光学照準器、20mm バルカン砲などに伴うウェポン関係機材などが撤去され、そのバランスを保つため機首にバラストを搭載したほか、コクピット前方には映像をダウンリンクしてリアルタイムで地上に送信するためのTVカメラ、コクピット後方の電子機器室には無人機コントロール・コンピューター（DFCC）、胴体上面とレドーム下方にはテレメトリー用アンテナが追加されている。

最初の２機の無人機改造は1988年から実施され、１号機（46-3592）は1989年12月８日に三菱重工小牧工場で初飛行に成功しているが、１号機と２号機（46-3600）は有人操縦可能な試作型で、射出座席や通常の操縦装置などが残され当初はQF-104Jと呼ばれた。岐阜基地の飛行開発実験団（1989年３月に航空実験団から改称）で実用試験などが実施された後（小松基地と岐阜基地でテストフライトを実施したのは僅か数回のみ）、1992年３月に部隊使用承認を取得、QF-104Jの名称はUF-104Jと改称、同時に臨時無人機運用隊が新編され、機体は分解して硫黄島（当時は「いおうじま」と発音していたが、現在は「いおうとう」と発音する）に空輸されている。硫黄島が選ばれた理由は、航空自衛隊では無人機の運用は初めてで、本土では基地周辺に民家などが密集しているため安全を考慮して、民間人が居住していない硫黄島が選ばれたのが大きな理由のひとつ。ただし、隊員にとっては硫黄島勤務は、公共交通機関が無いため自分の意思で本島に帰ることもできず（海上自衛隊と航空自衛隊の定期便を利用する以外は無し）、娯楽もほとんど無く、水泳は周辺にサメが多いため禁止され、当時の電話は衛星通信を利用していたので通話料は非常に高額でプライベートな通話も禁止、当然ながら飲み屋も無く女性もいないので、釣った魚やサソリを気にしながら採った硫黄島独特の唐辛子を肴に本土から持ち込んだ酒を飲むのが唯一の楽しみだった（ただし、離島手当ては高額で、お金を使う場所も基地内の売店以外まったく無いため、相当貯め込んだ隊員が多かった！……おかげで本人も、矢本駅周辺に自宅を建てることができた？）。

パイロットが操縦可能なUF-104Jは、パイロットの技量保持のほか地上操縦パイロットの遠隔操作訓練に使用され、遠方からの視認性を高めるため主翼先端の燃料タンクのほか、垂直尾翼および水平尾翼は赤く塗られ、部隊マークは硫黄島に生息する「サソリ」と「南十字星」を描いた今までのマルヨンとはまったくイメージのカラーリングとなった。

量産型は計12機が改造されてUF-104JAと呼ばれ、基本的な改造箇所はUF-104Jと同じだが、完全な無人機となったためコクピットの射出座席は撤去され、代わりに座席と同じ重さのバラストを搭載したほか、無人機となったUF-104J/UF-104JAのシリアルナンバーは、戦闘機を表すハイフン直後の数字が「8」から、固定翼機を意味する「3」に変更された、新たなシリアルナンバーが与えられた。最初の６機は1993年度に引き渡され、1994年３月に無人機運用隊が制式に発足している。改修されたUF-104J/UF-104JAの中には沖縄の第207飛行隊時代の全面エアクラフトグレイの機体やアルミナイズ塗装の機体、中には戦競に参加したマーキングを残した機体も含まれ、最後の戦競に登場したシャークティースやF-104ブラザーズのスペシャルマーキングも存在していた。計12機のUF-104Jのほか、有人飛行可能なUF-104Jの2機は、後にUF-104JA仕様に改造されたため最終的には計14機がUF-104JAに改修されたことになる。

UF-104J/UF-104JAのパイロットは部隊創設当時、飛行開発実験団に所属していたF-104J操縦経験者と同時にT-2の教官資格者が選出された。これはT-2が訓練支援を実施していた関係で、常時、無人機運用隊は第3/4/8航空団から２機のT-2を借用していた。T-2が選ばれた理由は、当時の航空自衛隊が保有している機体の中でマルヨンの飛行特性と良く似ているためで、とくにノーフラップでアプローチするハイスピー

▼通称“硫黄島”と呼ばれているが、制式には海上自衛隊が管理する硫黄島航空基地。現在、海上自衛隊は硫黄島航空基地隊のほか、UH-60Jを装備する第73航空隊 硫黄島分遣隊が常駐しているほか、航空自衛隊の基地隊、陸上自衛隊の不発弾処理班が所在している（撮影／航空自衛隊）

▲岐阜基地の第2補給処で、胴体や垂直尾翼をカバーされた状態で保管されていたF-104J。写真では30機が確認できるが、この中から14機が無人標的機のUF-104J/JAに改造された（撮影／細渕達也）。

ド感覚は非常に似ているのが特徴だった。

無人機運用隊の勤務期間は飛行班長を除いて2年が原則で、パイロット選出は空幕の人事は関係なくF-104J操縦経験者とT-2教官資格保有者が選出され、当時、マルヨンの操縦資格と支援機として使用するT-2教官資格を保有する現役パイロットは人数が限られていたため、最後までF-104Jを運用していた第207飛行隊に勤務し、後に松島基地の第21飛行隊でT-2教官を担当していた当時の私が必然的に選出され、1995年5月に無人機運用隊に着任した。新着任操縦者教育は大きく分けて地上教育、UF-104J搭乗のためのT-2による事前訓練、UF-104J技量回復訓練およびセイフティーパイロット（SP）慣熟、地上無線操縦訓練が行なわれた。教育基準はUF-104Jの慣熟飛行、計器飛行、検定飛行で約5.6時間、飛行回数5回、T-2の局地慣熟、随伴要領、検定飛行で約3.0時間、飛行回数3回、地上無線操縦（グランドコントロール）訓練は約10時間、飛行回数11回に加え、地上教育では導入教育8時間、技量回復40時間、無線操縦40時間が基準で、着任してから約3ヵ月後の8月16日に制式に地上無線操縦士の資格を取得している。UF-104JAの射撃訓練は3年にわたって実施された。訓練期間中に米軍艦載機の夜間訓練（NLP）や、航空自衛隊の移動訓練などが行なわれると、訓練に影響が発生することも度々あったが、整備員やパイロットの休暇を兼ねて1週間ノーフライトの期間を設けるなどの余裕も考慮されていた。通常の訓練フライトは1日2回が原則。パイロットの技量保持のためT-2を使用して夜間の慣熟訓練も定期的に実施していた（UF-104Jを使用したナイトフライトはなし）。

操縦士が搭乗可能なUF-104Jは、地上無線操縦士（グランドコントロール）の訓練に使用され、パイロットはコクピットに乗り込むと必要な操舵の確認などフリーフライトチェックを行ないエンジンスタート、タキシーウェイから滑走路まで自力でタキシング。ランウェイ上でエンジンランナップを実施し、最終的にオーケーになったら地上無線操縦士（グランドコントローラー）がオートパイロットスイッチ（OPS）をオン、オートテイクオフモードで自動的に離陸する。（アメリカ空軍のQF-4の場合はエプロンでエンジンスタートからタキシーアウト、テイクオフまですべて、グランドコントローラーが操作する）。射出座席を撤去した完全な無人機となったUF-104JAの場合も同じで、バラストが置かれたコクピットに乗り込みUF-104Jと同様にパイロットがランウェイ上までタキシングして最終チェック終了後、コントロールを地上の無線操縦者に渡し、ラダーを使用して降り、完全な無人機となってチョークを外して離陸となる。以降は地上から遠隔操作で訓練を実施しているが、実射訓練で命中しなかった場合を想定してGCAで誘導され、着陸直前までのローアプローチ訓練を実施している。地上からの遠隔操縦時の飛行中は同乗しているパイロットは操縦装置にいっさい触れることはないが、いちばん恐怖を感じたのは速度の速いマルヨンの着陸進入で、操作は地上で行なっているので自分の意思で操縦できず、危険を感じたら瞬間に安全装置をはずして自分で操縦して着陸する準備を常に心がけていた。

3年にわたって行なわれた実射訓練では空対空ミサイルが命中せず、無傷でUF-104JAが着陸したケースは発生しなかったが、この場合はドラッグシュートと併用してアレスティングフックを使用して着陸する想定が確立されていた。また、パイロットの負担を考慮して離着陸操縦増強（LTO）モードが設けられていたが、硫黄島の滑走路が島全体の大地の上に建設されているため海風や横風の影響を受けやすく、とくに横風に弱いマルヨンの着陸にはある程度の技量が要求された。

余談だが、航空自衛隊に入隊してからT-34AやT-33Aで訓練を受け、F-104Jの機種転換訓練を終了するとロッキード社からF-104パイロットを証明するカードが届けられた。後にF-4やT-2などにも機種転換しているが、航空機メーカーから制式にパイロットとして認定されることはなかったため、航空自衛隊から退官して10年以上も経過した今でも、このカード（名詞サイズの小さなカード2枚）は大切に保管してある。

▲硫黄島のエプロンに駐機する、無人機運用隊のUF-104JA。機首には赤と白で勇ましいシャークティース、胴体には6個の赤い星が描かれているが、詳細は不明（撮影／航空自衛隊）。

ちなみに、世界中で私は6516人目のF-104パイロット。

UF-104JAの運用制限については、離陸時間は08:00～15:00が基準でランウェイが25の場合は離陸時間が13:30までに制限され、最低気象条件（離陸時の状況および着陸予定時刻の前後各1時間の間の予報値で、最悪の気象状態）は、視程:8Km以上、雲高:1,500ft以上、風:離陸40kt（正面）、20kt（横）、着陸20kt（正面）、10kt（横）、標的飛行は高度:1,000～400,000Ft、速度:500kt、M1.2、機動:5G以下で実施され、UF-104JAを標的にした空対空ミサイルはAIM-7Mスパローまたは AAM-3を使用して、AIM-7Mの場合は高機動目標に対するミサイル性能の確認、空対空ミサイル回避戦技開発のための資料収集、実弾による破壊効果の確認、AAM-3の場合は高機動目標に対するミサイル性能の確認、低高度高速目標に対するミサイル射撃、空対空ミサイル回避戦技開発のための資料収集およびオフボアサイト射撃、実弾による破壊効果の確認を実施。ミサイル実射時の射撃機、射撃随伴機、計測機のコールサインは「MAGUS」を使用、標的機のコールサインは「MARIO」、標的随伴機と天候偵察海面監視機のコールサインは「JEANS」を使用している。1回の射撃訓練では最初に空域監視などのためE-2Cが離陸、続いて天候偵察および海面監視を実施するF-4EJ改、射撃機のF-15JまたはF-15DJ、射撃随伴機のF-15DJ、計測機のF-15DJ、標的随伴機のF-4EJ改、最後に標的機のUF-104JAが離陸するパターンで実施された。射撃機はAIM-7MまたはAAM-3空対空ミサイルの火薬搭載部分に信号を送るテレメーターを搭載、計測装置を搭載したF-15DJがミサイルの弾道を計測、ミサイルが命中すれば撃墜となるが、外した場合は実弾を搭載した射撃機が撃墜したため、無人のUF-104JAが無傷で戻ってきたことは無かった。UF-104JAのパイロットは5名が在籍し、地上指揮官（DO）、モーボ、地上操縦士（GC）、離陸前の地上で飛行点検を実施するセイフティパイロット（SP）、随伴機の後席に搭乗するパイロットの計5名で、1人が欠けると任務が達成できなかった（UF-104Jの訓練フライトでは、最低4名が必要だった）。無人機運用隊が創設されると、常に2機のT-2を借用して使用していたが、実射時は随伴のためF-4EJ改とF-15DJも参加するため、T-2は随伴機などで使用されることはなかった。

実射訓練は現在、小松基地および周辺空域で実施されているミサイル講習と同様に、総隊司令部で企画するため参加するパイロットは各飛行隊からの選抜メンバーで編成され、小松基地の第6航空団がバックアップするかたちで1995年（平成7年度）から1997年（平成9年度）までの3年間実施され、平成7年度には計3機、平成8年度には6機、平成9年度には5機の計14機すべてが撃墜され、1997年3月末には無人機運用隊は解散した。

現在、浜松基地に隣接する「エアパーク」にはUF-104JAが展示されている。この機体はテレメトリー用のアンテナなど外装のみ改装して、無人機運用隊のマーキングを復元しているが、実際には硫黄島の無人機運用隊に配備されていた機体とは異なる。

運用は3年間と短い期間だったが、無人機運用隊はパイロットの戦技向上やAAM-3を始めとする国産の新型ミサイル開発のため多くのデーター収集に活躍した。当時、F-4EJには近代化改修が進行中で、F-4EJ改に改修された機体と、偵察ポッドを搭載するRF-4EJに改修されたほか、余剰となった10数機のF-4EJが小牧基地でモスボールされていた。この機体は将来、無人機標的機に改造する計画があったため保管されていたが、予算の関係で断念され、飛行時間を残したまま用途廃止となってしまった。

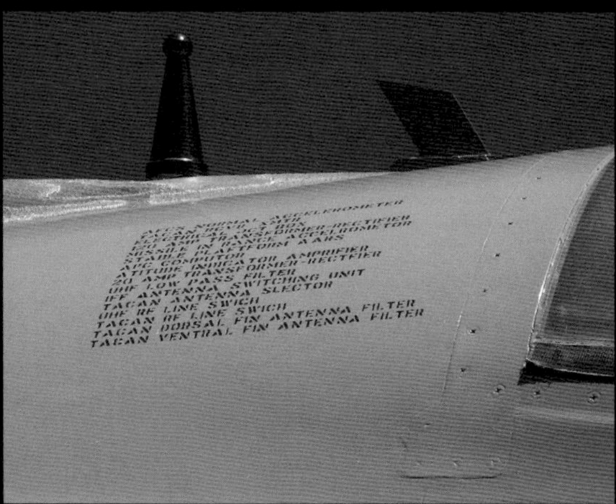

▲▶航空自衛隊浜松基地に隣接する「エアパーク」に展示されているUF-104JA。同機は計14機が改造されているが、この機体はカウントされていない。しかし、コクピット後方の胴体上面テレメトリー用アンテナなどUF-104JA仕様に改造されているほか、マーキングも無人機運用隊を正確に再現している。パイロットが搭乗可能なUF-104Jは小牧基地の三菱重工と岐阜基地の航空実験団（当時）で、テストフライトを実施したのは僅か数回だったため、この機体は貴重な存在だ（撮影／石原 肇）。

写真／アメリカ空軍、ロッキード他
解説／石原 肇

航空自衛隊初の超音速戦闘機となった

ロッキードF-104 スターファイターストーリー

▲テスト飛行中のXF-104Aの1号機。この写真が公表されたのは、YF-104Aがロールアウトした以降で、エアインテークにはマッハコーンが未装備なのが良く分かるほか、フィンのない翼端の燃料タンクなど、YF-104と比べると細部が異なっている部分が多い。

■アメリカ空軍のジェット戦闘機誕生

アメリカ陸軍航空隊（空軍）のジェット戦闘機の歴史は、ドイツが初めて実用化したメッサーシュミットMe262からやや遅れた第二次世界大戦末期の1942年10月1日にベルXP-59エアラコメットの1号機が初飛行に成功したことにはじまる。しかし、当時の第一線機として活躍していたレシプロエンジンを搭載したP-51ムスタングなどと比べ速度や運動性能などあらゆる面で遠くおよばず、続いて開発されたロッキードP-80シューティングスターがアメリカ空軍最初の実用ジェット戦闘機となった。

第二次世界大戦直後は各国のメーカーがジェット戦闘機の開発に試行錯誤していた時代で、急激に進歩したきっかけは朝鮮戦争だった。初期の頃は第二次世界大戦で生き残ったレシプロのノースアメリカンP-51（1962年9月18日の三軍統一名称により戦闘機の表記は「P」から「F」に変更された）ムスタングのほか、ロッキードP-80シューティングスター、リパブリックF-84サンダージェットなどのジェット戦闘機が投入されたが、MiG-15の出現に伴い形勢は逆転、アメリカ空軍は急遽、量産が開始されたばかりの最新鋭戦闘機ノースアメリカンF-86セイバーを投入し、見事に成果を生み出した。

1950年代に突入すると、長年の夢だった音速突破の実現に向け、各メーカーが競って新型戦闘機開発に挑戦したが、アメリカ空軍はこのプロジェクトを「センチュリー・シリーズ」と命名した。トップバッターとなったのはノースアメリカンF-100スーパーセイバーで、この機体は最初の試験飛行で音速を突破して衝撃的なデビューを果たした。F-100は戦闘機として開発されたが、運動性を生かして爆弾やロケット弾ポッドなどを搭載し対地攻撃ミッションなども実施。ベトナム戦争では投入時点でやや旧式化していたため、戦闘機よりも近接攻撃機として活躍した。

続いて開発されたのはマクダネルF-101ブードゥーで、戦略航空団（SAC）の要請で胴体下面にAIM-4ファルコン空対空ミサイルを搭載する長距離侵攻戦闘機として採用されたが、長い航続距離以外は戦闘機としての特徴はほとんどなく、複座型のF-101Bは高高度で進入する戦略爆撃機を迎撃する要撃戦闘機として採用された。少数機は機首にカメラを搭載して偵察機型のRF-101Cに改造されベトナム戦争に参加したほか、三沢基地や沖縄の嘉手納基地にも配備された。単座型も偵察機型のRF-101Gに改造されたが、この機体は主に州空軍（ANG）に配備された。F-101は戦闘機としての性能が発揮された機会がなかったが、戦術偵察機型のRF-101Cは、後継機となるRF-4CファントムⅡが配備されるまで活躍した。

コンベアF-102デルタダガーは「センチュリー・シリーズ」初の実用デルタ翼機となった。この機体を開発するにあたり、XF-92を製作してデルタ翼の特性などを研究。試作型のYF-102はXF-92をひとまわり大型化した戦闘機として誕生した。しかし、エンジンのパワー不足や機体自重増加などの影響で、試作機は当初計画していたマッハ1を超えることができなかった。航空力学研究などの結果、垂直尾翼の大型化と胴体中央が窪んだ「エリアルール」と呼ばれる形状に変更したことで、要求されていた性能をクリアし、超音速要撃戦闘機として制式に採用された。当時はソ連空軍爆撃機の進歩が急速に進み、戦闘機には全天候戦闘能力に加え、防空システムの研究も並行して行なわれ、F-102には射撃管制装置（FCS）と空対空ミサイルを組み合わせた防空システムが採用された。F-102が搭載したのはヒューズ社が開発した赤外線ホーミング式のAIM-4ファルコン空対空ミサイルで、計4発が胴体下面のウェポンベイ内に収納する方式が採用された。また、複座練習機型のTF-102Aは当時

▼ロッキード社のバーバンク工場で関係者に公開されたYF-104Aの2号機。同機は計17機が発注され、1号機は1956年2月17日に初飛行しているが、前日の2月16日にはロッキード社のバーバンク工場で報道陣に対してロールアウト・セレモニーが行なわれ、ベールに包まれていたF-104が姿を現した。

▲ロールアウト時に報道陣に配布されたYF-104Aの2号機の写真で、ロールアウト時と同様にエアインテークは金属製のカバーで覆われていたが、超音速戦闘機を想像させるスマートなスタイルが衝撃的だった。

のジェット練習機としては珍しくサイドバイサイド方式を採用したため、機首の形状は大幅に変更されていた。この機体はアメリカ本土のほかヨーロッパやアジア地区にも配備され、ベトナム戦争にも投入され基地防衛任務に就いていたが、北ベトナムからの攻撃はなく本来の任務を果たすことはなかった。

「センチュリー・シリーズ」第3弾となったF-103は、リパブリック社が開発した先進式なスタイルの要撃戦闘機で、高高度における高速化を確保するためターボジェットエンジンとラムジェットエンジンを混合搭載。空気抵抗を極力減らすためコクピットは完全に機内に収納され、パイロットの視界はペリスコープで確保するという画期的なアイデアだったが、結局試作機が作られることなく、図上の計画のみに終わっている。

■最後の有人戦闘機誕生

「センチュリー・シリーズ」が開発されるまでには数々の戦闘機が計画され消えていったが、その中でロッキード社が計画したのが、尖った機首に40度の後退角が付けられた主翼、2基のJ-34ジェットエンジンを搭載するXF-90で、計画では航続距離2,000km以上、最高速度1,107km/h以上が期待されたが、2機が製作されたのみに終わった。1950年9月、空軍から超音速全天候防空戦闘機計画の機体要求が各メーカーに指示された。ロッキード社はそれ以前から推力重量比や燃費などでも大型エンジンに勝る小型エンジンの開発に力を入れていたが、飛行性能や航続距離などを考慮するとエンジンの大型化、同時に機体の大型化は避けられない現実だった。当時は朝鮮戦争が勃発し、初めてジェット戦闘機同士の空中戦が繰り広げられ、パイロットからは上昇力や加速度などの性能でF-86セイバーを上回るMiG-15の性能に注目が集まり、戦闘機同士の空中戦に勝つためには極力自重を減らし徹底的に軽量化を図った戦闘機が要求された。同社は独自にL-205の開発に着手していたが、空軍では戦闘機の軽量化方針が固まったため、L-205を改良したL-227の研究が1952年にスタートした。この機体はレーダーを簡素化し、武装も最小限に減らすことで機体の小型化および軽量化と、空力的なスタイルの研究が行なわれた。強い後退角の主翼案や、鋭い胴体案、主翼先端に燃料タンクを装備した案、デルタ翼案など数え切れないくらいのデザインが候補に上がったが、試作機の製作までには至らなかった。L-227案と並行して進行していたL-242計画により、垂直尾翼の形状や水平尾翼の位置などを検討し、結果的には胴体はエンジンを収納するギリギリまで絞り込み、機首先端は鉛筆のように鋭く尖った形状で、主翼は中翼配置となりナイフのような非常に薄く、画期的なスタイルが考案された。当時は超音速を目指す戦闘機の主翼は後退翼が一般的な考えだったが、この機体は運動性を重視し、主翼厚は極端に薄くして空気抵抗を減らした直線翼を採用した。同時に水平尾翼の位置や形状も試行錯誤され、搭載するエンジンの選定も並行して行なわれた。1952年11月、ロッキード社は最終的に決定したL-246、ノースロップ社はN-102、ノースアメリカン社はNA-212、リパブリック社はAP-55案を提出。競争審査は各メーカーから提出された資料のみで実施された結果、1953年1月にはロッキード社のL-246案が選出された。空軍から正式にXF-104の名称が与えられ、試作試験用に2機が発注されて、それまでは書類上（図面）のみだったがフルスケールの木製モックアップが製作されることになった。この時点でも水平尾翼の取り付け位置と形状が最終決定されていなかったが、水平尾翼は垂直尾翼上端の位置に決定した。水平尾翼面積と主翼面積の比率が大きく異なり、方向安定性などを確保するため、主翼は下反角10度とされた。

エンジンはゼネラル・エレクトリック（GE）社が開発を進めていた軽量小型のターボジェットエンジンJ-79が間に合わず、試作機はライトJ65を搭載した。固定武装も20mm機銃6門に匹敵する威力のある20mmガトリング砲T-171が選ばれた。この機関砲は現在でも使用されている20mmバルカン砲の原型で、コンパクトに絞られたXF-104の固定武装としては最適な機関砲だった。

XF-104の1号機は1954年1月にロッキード社の開発チームが編成された秘密工場、バンクーバーの「スカンク工場」で完成、1度分解され陸路カリフォルニア州のエドワード空軍基地に運ばれた。この基地はロジャース乾湖の中にあるため、基地面積は広大でフェンス外からは基地内の格納庫や管制塔などの施設はまったく見えないほどの広さを誇り、極秘に開発された機体の試験には打ってつけな基地だった。ここでは後にF-117のテストが極秘に行なわれていたことが知られている。1号機（53-7786）は1954年

▶ロッキード社のバーバンク工場で行なわれたロールアウト式典で、マイクを片手に説明を行なうのは、F-104を生み出したC.L.ジョンスン氏。「最後の有人戦闘機」や「人間が乗るミサイル」などのキャッチフレーズも世界中から注目された。

▲エドワーズ空軍基地周辺の砂漠地帯上空を飛行するYF-104A。初期の頃に発表された写真とは若干異なり、機首に描かれていたバズナンバーは胴体後方に移動、機首には「U.S.AIR FORCE」の文字が描かれ、「LOCKHEED XF-104」の文字に変わってシェブロンが描かれた。

3月4日にエドワーズ空軍基地で初飛行に成功。エンジンはアフターバーナー無しのライトJ65を搭載していたため、初飛行では音速突破はできなかったうえ、油圧装置のトラブルで脚を収納することもできなかったが、3回目の試験飛行で脚収納および降下状態で音速突破を記録している。

アフターバーナー付きのXJ-56-W-6エンジンに換装した1号機は初めて水平飛行で音速を突破、降下状態ではマッハ1.6を記録し、続々と世界新記録を樹立した。2号機は、1号機と同じXJ-56-W-6エンジンを搭載したほかライトJ65機関砲（後にM61 20mmバルカン砲となる）、K-19 FCS（火器管制装置）とAN/APG-34レーダーを搭載して、1954年10月5日に初飛行した。しかし、後の試験飛行中に急減圧した関係でバルカン砲発射時に不具合が発生。パイロットは緊急脱出して無事だったが、F-104初期のタイプまでの射出座席は下方に脱出する方法で、低空飛行中での脱出ができなかったので、生産途中から通常の上方脱出方法に変更され、射出時に計器パネルに足が接触するなどの理由でコクピットのレイアウトが若干変更された。

■本格的な試作タイプとなったYF-104

GE XJ79-GE-3エンジンを搭載したYF-104の1号機は1954年10月に17機が発注され、1号機は1955年12月にロールアウトした。外観はエンジン長の違いのため胴体は約1.7m延長されてやや太くなったほか、垂直尾翼も大型化された。また、XF-104の前脚は後方に引き込むタイプだったが、XF-104の事故の教訓から油圧装置のトラブルなどで引き込むことができない状態を想定して、脚の自重と風圧で可動するように前方に引き込むタイプに変更されている。XF-104の開発はロッキード社の「スカンク・ワークス」で極秘に行なわれたが、YF-104の1号機が初飛行する前日には2号機が、「人間の乗ったミサイル=Missile with a man in it」の衝撃的なキャッチフレーズとともにロールアウト式典で報道公開された。当時は大型の戦略爆撃機に変わって大陸横断ミサイルが急進歩を遂げていた時代で、キャッチフレーズには戦闘機の時代はF-104で終わるという意味が隠され、ミサイルを彷彿する洗礼されたスタイルなど世界中から注目された。展示された機体のエアインテークは金属製のカバーで隠された状態で、当日に配布されたオフィシャル写真の機体のインテークにもカバーが付けられ、他の写真も整備員で隠れた角度のもの、黒く塗りつぶして修正されたものだった。後にこの部分には衝撃波を吸収するショック・コーンが追加されているのが判明していが、当時はトップシークレット扱いだった。

レーダーはAN/AGS-14T1に換装され、戦術航法装置（TACAN）追加などの改修が行なわれたほか、方向安定性を増すため胴体下面にはベントラルフィンが追加されたので、外観は量産型に近づいた。

試験中には世界上昇記録、世界速度記録など数多くの記録を生み出し、ロッキード社が隠密に開発したマッハ2を誇る超音速戦闘機は、各種の試験をクリアして量産生産される運びとなった

■F-104のバリエーション

（F-104A）

世界初のマッハ2の高速を誇る超音速戦闘機の最初の量産型となったのがF-104Aで、1955年10月14日に146機が発注され、生産途中だったYF-104の7機は量産型として生産されたため、最終的には計153機が導入された。ウェポンは胴体左側の20mmバルカン砲と、主翼先端にはAIM-9サイドワインダー2発が搭載可能だった。ロッキード社とアメリカ空軍で量産型の実用試験が続けられた結果バルカン砲の不備が見つかり、初期の機体は機銃未装備で受領する結果となった。アメリカ空軍は優れた上昇力とマッハ2の高速を発揮して、高高度を侵入してくる戦略爆撃機の迎撃機として採用。最初に配備されたのは防空航空団（ADC）ハミルトンAFBの第83戦闘要撃飛行隊（83FIS）で、1958年にF-104Aを受領した。配備が始まるとエンジン強化などの改修が行なわれているが、緊急時の脱出方法が下方から上方射出式に改造されたのが大きな違い。高い上昇性能と高速を優先したので、航続距離は短かったため、一部の機体のコクピット左側に空中給油プローブを追加して、空中給油試験を実施している。

戦術戦闘航空団（TAC）は当時、制空能力のほか戦術戦闘性能などの戦術性能を求めていたため、結局採用を見送っている。アメリカ本土で防空任務を実施していた防空航空団のF-104就役は意外と短く、1960年には全機州兵航空隊（ANG）に移管された。

（NF-104A）

1960年代に突入すると、アメリカとソ連は争って宇宙進出を目指した。NF-104AはF-104Aを改造した簡易宇宙飛行訓練機で、航

▼エドワーズ空軍基地のエプロンに並んだロッキードYF-104A（手前）と、グラマンF11F-1Fスーパータイガー（中央）、ボートSSM-N-9レギュラスII（奥）。YF-104AとF11F-1Fは、航空自衛隊の次期戦闘機（F-X）の候補に上がった機体だった。

空宇宙研究パイロット学校（ARPS）が宇宙飛行士や実験機の訓練機として３機が改造された機体。高高度まで上昇するため垂直尾翼は大型に改造され、下部にロケットダイン LR-121/AR2 が追加されたほか、ショック・コーンも鋭い形状に変更、主翼先端は約 1.22m 延長されている。

〈F-104B〉

コクピット後方に座席を追加して複座練習機型となった F-104B は、もともと搭載していた電子機器室を後方に移動したため燃料搭載量が縮小された関係で 20mm バルカン砲と弾倉室も撤去されたが、AIM-9 サイドワインダーの運用能力は残されたままだった。外観は後部座席が追加されたので機首が太くなったほか、前脚は XF-104 時代と同様に後方に引き込まれる方式に変更され、計 26 機が生産された。

〈F-104C〉

F-104A は防空航空団（ADC）に配備されたが、戦術戦闘航空団（TAC）は戦術戦闘機型の F-104C を 1956 年に発注した。このタイプはタービンの直径を約 5cm 拡大して推力をアップすると同時にエンジンも J79-GE-7A に換装、胴体下面にハードポイント２ヵ所、主翼下面にも２ヵ所が追加、ベントラルフィン横にはアレスティングフックの追加や、航続距離を伸ばすため空中給油プローブ追加などの改修が行なわれた。F-104C の１号機は 1958 年７月 24 日に初飛行し、ジョージ AFB の第 497 戦術戦闘航空団（TFW）に配備が開始された。ベトナム戦争が激化すると、戦術戦闘能力試験を兼ねてベトナムに投入され、ダナン基地の防空任務を実施。

▶胴体下面にダミーの核爆弾を搭載して編隊を組むF-104C。垂直尾翼のエンブレムから戦術戦闘航空団（TAC）の所属機と分かるが、F-104Cが配備されたのは第479戦術戦闘団（479TFW）のみで、迎撃任務から戦闘爆撃任務に転用できることを証明したが、結局アメリカ空軍は少数機のみの採用に終わった。

１年後には再びベトナムに派遣されたが、２回目は機体上面をダーククリーン、ミディアムグリーン、タン、下面をライトグレイとした通称「ベトナム迷彩塗装」が施され、コクピット左側には空中給油プローブ、機首下面にはガンカメラ、エンジンノズル側面にはレーダー警戒アンテナが追加されて再び防空任務に就いた。北ベトナムの MiG と交戦する機会はなく、後半は M117 通常爆弾を搭載して近接支援に投入された。結局、戦術戦闘航空団では活躍する機会がなかったため、早々に退役したが、最後まで使用していたのはプエルトリコ ANG だった。

〈F-104D〉

F-104D は、F-104B と同様に、F-104C を複座型に改良した練習機型。変化した部分は F-104B とほとんど変わっていないが、単座型と同様にベントラルフィンの追加や、エンジンを換装したほかパイロンなども増設されたため、燃料搭載量の関係で航続距離は短くなったものの、F-104B と比べると戦闘能力は向上した。当初は 100 機以上が発注される予定だったが、最終的には 21 機で生産が終了している。

〈F-104F〉

西ドイツ空軍（当時）が採用した F-104G の訓練型として、F-104D をベースに改造されたのが F-104F で、計 30 機が生産され、全機、西ドイツ空軍に引き渡された。エンジンは F-104G と同じ J79-GE-11A を搭載していたが、外観は F-104D と区別することが困難だった。この機体は火器管制装置など細部が TF-104G

▼F-104Aがフライトを終えタッチダウンした瞬間の写真で、前縁スラット（矢印）とフラップがダウン状態で、胴体側面のエアブレーキも開き、下面からドラックシュートが飛び出ているのも確認できる。

▼主翼下面にロケット弾ポッドを搭載して離陸するF-104C。この機体はF-104Cの最終号機で、マッハ2の超音速を誇るF-104にロケット弾ポッドを搭載すると極端に速度は制限されるため、実際にはベトナムに送り込まれたF-104Cが近接支援を実施した程度で、成果はほとんどなかった。

▲テネシーANG（州兵航空隊）のF-104A/Bのフライトライン。計13機が確認できるが、すべて防空航空団（ADC）からANGに移管された機体だ。最後の有人戦闘機としてデビューしたF-104だったが、アメリカ空軍では居場所が無く、防空航空団に配備されていたのは僅か数年だった。

▲両翼先端から同時にAIM-9Bサイドワインダー空対空ミサイルを発射するF-104A。AIM-9は当初海軍が開発した赤外線追尾ミサイルの空軍名で、1962年の名称統一でAIM-9と改称された。アメリカ空軍は主翼先端のみにAIM-9を搭載したが、燃料タンクと装備すると武装は固定の20mmバルカン砲のみとなった。

▲量産型のF-104Aが最初に配備されたのは防空航空団（ADC）で、優れた上昇力や高速性能が高く評価され防空任務に投入されたが、半自動警戒管制装置などが搭載できないほか、搭載する空対空ミサイルは2発に限定されたため、短期間で防空航空団から姿を消した。

▼F-104BはF-104Aを複座練習機型に改造したタイプで、後部座席を追加したためキャノピーの形状は大幅に変更されたほか、垂直尾翼も大型化された。F-104の主翼上面は通常白く塗られているが、この機体は主翼先端の燃料タンクまで白く塗られているのが珍しい。

と異なる。

〈F-104G〉

F-104シリーズはF-86Fなどの後継機として海外の空軍でも採用されたが、西ドイツ空軍／海軍は1958年に防空／戦闘爆撃／偵察機としてF-104Gの名称で採用した。購入された総機数は計600機以上で、アメリカ空軍をはるかに超える機数が西ドイツで採用されたことになる。エンジンはアップグレートされたJ79-GE-11Aに換装され、対地攻撃や戦術攻撃などの任務に投入可能で、小型のNASARR F15AM-11レーダーシステムを搭載したことで、空対空と空対地攻撃任務が可能となった。ロッキード社製のF-104Gは1960年10月5日に初飛行し、ライセンス生産はヨーロッパの航空機各メーカーが

▼NF-104Aは宇宙飛行士訓練のために改造された機体で、最大の特徴は垂直尾翼下面に追加されたロケットダインAR-2ロケット・モーターで、40,000mまで上昇が可能だった。3機が改造されたが、1機は事故で失われている。

▲KC-97から空中給油を受ける、アメリカ空軍のF-104C。上昇力と高速を誇ったF-104の最大の弱点は航続距離不足で、後に一部の機体のコクピット左側には海軍仕様の空中給油プローブが追加された。

▲F-104Cは2度にわたって南ベトナム内の基地防衛を実施していたが、北ベトナムの侵攻の恐れがなくなったため、2度目の派遣の際にはベトナム迷彩が施され、主翼下面にはM117通常爆弾を搭載して近接支援に投入された。

▲ロッキード社のオフィシャル写真で手前から西ドイツ空軍向けのF-104G、中央はカナダ国防軍向けのCF-104、奥は航空自衛隊向けのF-104J。いずれの機体も生産ラインから出てきたばかりの新造機で、国籍標識やシリアルナンバーなど最小限のマーキングが描かれているのみ。

▶国境続きのヨーロッパでは滑走路が破壊された場合を想定、ゼロ距離発進の研究は1963年からロッキード社で開始された。胴体下面にはマーチンTM-61マクドール地対地ミサイル用ロケットブースターを装備し、アメリカのエドワーズ空軍基地で実施された。このテストには西ドイツ空軍のF-104Gが投入された。

▼海外では初の採用国となった西ドイツ向けのF-104Gは、1960年10月5日に初飛行している。ヨーロッパ各国の航空産業が参加してライセンス生産され、NATO諸国でも採用された。ドイツ空軍はアメリカ空軍をはるかに超える計915機を導入したが、重大事故も多かった。

▲ユーロファイターやロックウェルが研究用に開発したX-31の機動性などの研究用に改造されたF-104G CCV。外観上の最大の特徴は胴体上部に水平尾翼を追加して飛行中の安定性を確保している。この試験のために2機に同様な改造が施された。

参加するスタイルが採用された。西ドイツが大量にF-104Gを採用し、影響を受けたNATO諸国もF-86Fなどの後継機としてF-104を採用することになり、西ドイツ空軍／海軍のほか、ベルギー空軍、トルコ空軍、オランダ空軍、ノルウェー空軍、ギリシャ空軍、イタリア空軍、デンマーク空軍、台湾空軍などでも採用された。

西ドイツ空軍のF-104機種転換訓練は主にアメリカ国内で実施され、アリゾナ州ルーク空軍基地の第69戦術戦闘訓練飛行隊（69TFTS）にはアメリカ空軍のマーキングを施した、西ドイツ空軍のF-104G/TF-104Gが配備されていた。

(RF-104G)

RF-104Gは、20mmバルカン砲と弾倉室を撤去して、胴体下面にKS-67A偵察カメラを搭載した戦術偵察機型。同じ名称でも胴体下面に偵察ポッドを搭載タイプも存在し、西ドイツ空軍のほかオランダ空軍、トルコ空軍、イタリア空軍などでも採用された。

(TF-104G)

F-104BやF-104Dと同様に単座型のF-104Gを複座型に改良したのがTF-104Gで、ひと足先に採用されたF-104Dとは異なり、NASARR F15AM-11レーダーや慣性航法装置も搭載していたため、空対空や空対地攻撃任務にも使用可能だった。イタリア空軍のほかデンマーク空軍、ギリシャ空軍、台湾空軍などでも使用。

(F-104J)

航空自衛隊の章参照。

(F-104DJ)

航空自衛隊の章参照。

(F-104S)

F-104シリーズの中では最終型となるF-104Sは、AIM-7スパロー空対空ミサイルの運用が可能となったタイプで、火器管制装置をNASARR R21G/15に換装、エンジンはJ79-

◀カナダ国防軍が採用したF-104はカナデア社がライセンス生産した機体で、CF-104と呼ばれタイプ名は与えられなかった。写真はカナダ国防軍に引き渡された直前に撮影されたカットで、ナチュラルメタルの機体がピカピカに光っているのが美しい。

GE-19にパワーアップした。機首のバルカン砲は撤去され、その部分にスパロー空対空ミサイルの誘導装置を搭載し、主翼下面にはAIM-7を搭載するための専用のパイロンを追加。胴体後部のベントラルフィンの左右には小型のフィンが追加された。F-104Sはイタリア空軍のほかトルコ空軍などでも使用された。

(F-104N)

NASA（NACA）はF-104の開発当時から試験飛行のチェイスやテストパイロットの訓練のためYF-104AやF-104Aを使用してきたがF-104Nはバルカン砲や火器管制装置などを撤去した民間型向けのタイプで、後に西ドイツ空軍から余剰となったF-104G/TF-104Gを入手、火器管制装置などを撤去してF-104N仕様に改造して使用した。

(CF-104)

カナダ国防軍は、西ドイツが採用したF-104Gと同様なタイプをCF-104の名称で1959年に制式に決定した。エンジンはオランダがライセンス生産したJ79-OEL-7に換装。ヨーロッパで運用することを考慮して火器管制装置はNASARR R24Aを採用して戦術攻撃機としての能力アップが図られたほか、20mmバルカン砲を撤去して、予備燃料タンクを搭載した。この機体はカナダのカナデア社でライセンス生産され、CF-104は計200機を生産したほか、輸出用のF-104Gも140機生産している。

名称は「CANADA」の頭文字をとってCF-104と命名されたが、タイプ名は付けれなかったのが珍しい。

(CF-104D)

CF-104DはCF-104の複座練習機型だが、エンジンはCF-104と同じで火器管制装置も搭載していたため、航続距離などを除けば単座型と同じ性能を発揮した。単座型はカナデア社でライセンス生産されたが、計38機が生産されたCF-104Dは、全機ロッキード社製だった。また、単座型と区別するため、この機体にはCF-104Dの名称が与えられた。

■世界のF-104スターファイター

(西ドイツ空軍／海軍)

海外で最初にF-104の採用を決定したのが西ドイツ空軍（当時）で、空軍は503機のF-104Gと100機のRF-104G、複座型は30機のF-104Fと130機のTF-104G、海軍は119機のF-104G、27機のRF-104G、7機のTF-104Gを採用。空母を持たない西ドイツ海軍がジェット戦闘機を採用したのは珍しい。訓練は主にアメリカ国内で行なわれたため、アメリカ空軍のマーキングを施したF-104G/TF-104Gが存在した。

(カナダ国防軍)

カナデア社はF-104をライセンス生産して、カナダ国防軍以外のNATO諸国も採用した。カナダ国防軍は独自にCF-104の名称で単座型を採用したが、F-104Gと異なるのは20mmバルカン砲が撤去されたため、ウェポンはAIM-9サイドワインダーと胴体および主翼下面に搭載する爆弾やロケット弾ポッドのみ。複座型は単座型と区別するためCF-104Dと呼ばれた。

(ノルウェー空軍)

ノルウェー空軍は1963年に最初のF-104GとTF-104Gを受領。1973年頃にはカナデア製のCF-104とCF-104Dを導入、単座型は計38機、複座型は計5機となった。このほか、偵察機型のRF-104Gも16機を導入した資料もあるが詳細は不明。F-104は1983年頃までに全機退役している。

(デンマーク空軍)

デンマーク空軍も、ノルウェー空軍と同様に1965年からF-104Gを25機、TF-104Gを4機導入して2個飛行隊を編成した。続いて1971年には消耗補充機としてカナダからCF104を19機、CF-104Dを7機導入しているが、複座型のDF-104DはECMポッドを搭載して電子戦型に改造された。

▲カナダ国防軍の複座型にはCF-104Dと呼ばれた。当初は無塗装銀だったが、後に全面グリーンやグリーンとアークブルー、ダークグリーンとダークグレイなど様々な迷彩塗装が行なわれた。

▼ベルギー空軍のF-104Gは、国内のSABCAでライセンス生産された機体で、アメリカ空軍のベトナム迷彩に良く似た迷彩塗装が施されていた。1983年頃まで使用されていたが、飛行時間の余ったF-104Gはトルコ空軍に売却されている。

▶オランダ空軍は最大で5個のF-104飛行隊を編成していた。オランダ空軍のオフィシャル写真で、4機で編隊を組むF-104Gの垂直尾翼の部隊マークが異なっているのが分かる。手前の3機の機首下面には小さなフェリングが追加されているのに注意。

▼オランダ空軍は転換訓練飛行隊のほかに、各飛行隊に2機程度の複座型のTF-104Gが配備されていた。カラーリングは上面ダークグレイとグリーン、下面グレイの迷彩塗装だったが、現在の戦闘機などと比べると国籍標識が異常に大きい。

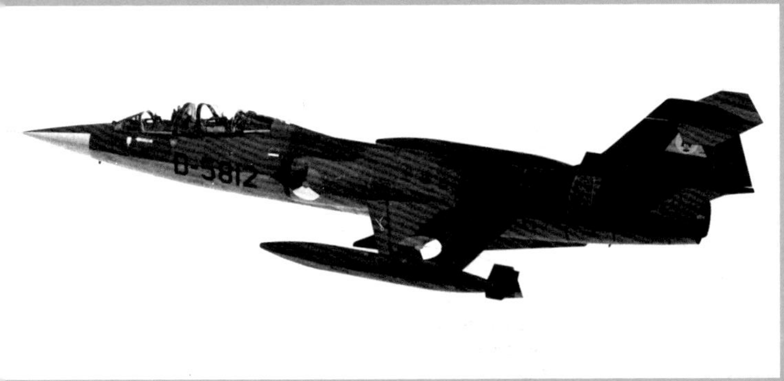

(オランダ空軍)

西ドイツ空軍に続いて大量にF-104を採用したオランダ空軍は、1962年から120機のF-104GとRF-104G、18機のTF-104Gを導入した。最初の飛行隊は1964年に編成され、最終的には計5個飛行隊が創設された。オランダ空軍が導入したRF-104Gは、偵察カメラを収納した専用ポッドを搭載したタイプだった。

(ベルギー空軍)

ベルギーのSABCA社がライセンス生産したF-104Gを100機、TF-104Gを12機導入。後にロッキード社製のTF-104Gを12機を受領した。1963年から飛行隊が編成され、2個の航空団に配備された。導入当時は無塗装銀だったが、後にベトナム迷彩に良く似た迷彩塗装が施されている。

(スペイン空軍)

スペイン空軍は1965年からカナデア社製のCF-104 18機と、ロッキード社製のTF-104G 3機が引き渡された　。F-104は事故が多かった機体として知られているが、オランダ空軍は全機が第61飛行隊に配備され、退役するまで重大事故ゼロを達成した非常に珍しい？　記録を達成している。

(ヨルダン空軍)

ヨルダン空軍にはアメリカ空軍から余剰となったF-104AとF-104Bが供与されたが、最初の引渡しが開始された直後に六日間戦争が勃発したため、引渡しは一時中断、後に18機のF-104Aと4機のF-104Bが引き渡され、後に台湾空軍から中古のF-104Aを受領、2個の飛行隊が編成された。

(イタリア空軍)

イタリア空軍は比較的遅くまでF-104を運用していた空軍として知られている。最初に受領したのはF-104GとRF-104Gに加えTF-104Gも受領した。1969年にはレーダー能力を向上、防空戦闘能力を強化してAIM-7スパローの運用が可能となったF-104Sが引き渡された。AIM-7の運用が可能となったのは、F-104Sのみ。

(トルコ空軍)

1965年からロッキード社製のF-104GとTF-104Gの引渡しが開始されたトルコ空軍は、計40機を受領した。その後、ベルギーやイタリア、スペインなどから中古機を導入しているが、1974年にはイタリア空軍からも中古のF-104Sを購入して、一時は400機近いF-104を装備し、1987年頃まで使用された。

(パキスタン空軍)

パキスタン空軍は1961年からF-104AとF-104Bを受領しているほか、台湾から中古のF-104Aを受領しているが、インド空軍との交戦でほとんどの機体が失われたようだ。

(台湾空軍)

台湾空軍は1960年からアメリカから供与され、単座型のF-104Aを25機受領した。1963年からはF-104Gの配備が始まり、約50機が配備されたといわれ、台中の清泉崗基地に配備され、返還前の嘉手納基地にもたびたび飛来していた。また、航空自衛隊が使用していたF-104J/DJが計28機程度アメリカを経由して台湾空軍に引き渡されている。

◀イタリア空軍のF-104Sは1969年から配備が開始された、F-104シリーズの中では最終型となった。主翼は強化され計9ヵ所のハードポイントとなり、空対空／空対地攻撃能力が向上した。F-104Sはイタリア空軍のほか、トルコ空軍でも使用された。

▶イタリア空軍向けのF-104Sの1号機。この機体はエンジンをパワーアップしたJ79-GE-11Aに換装し、AIM-7スパロー空対空ミサイルが運用可能となったが、胴体右側の20mmバルカン砲は撤去された。主翼下面に搭載しているのがAIM-7スパロー空対空ミサイル。

航空自衛隊のF-104J「栄光」

▲航空自衛隊初の超音速ジェット戦闘機となったF-104は輸出型のF-104Gをベースに火器管制装置などを簡素化したタイプで「JAPAN」の頭文字を取ってF-104Jと呼ばれ、「栄光」と言う日本独自の愛称が付けられた。

敗戦に伴い戦力を放棄した日本はアメリカの指揮下に置かれ、大戦中のほとんどの軍事基地はアメリカ軍が接収していたが、1950年に勃発した朝鮮戦争で国内に駐留していた米軍は朝鮮半島に移動して参戦したため、警察予備隊と海上保安庁が設立された。警察予備隊は2年後に保安隊と改称、海上保安庁の中に発足した海上警備隊は後に警備隊と改称した。

1954年7月1日に防衛庁が誕生し同時に陸上自衛隊、海上自衛隊、航空自衛隊の3自衛隊が発足したが、名称はアメリカやその他の国で称されている陸軍や海軍、空軍ではなく、自国を防衛するための最小限の軍備を装備する軍隊を意味する「自衛隊」という新しい名称が与えられた。航空自衛隊発足が決まると1954年2月1日に航空準備室が設置され、3月8日には日米相互防衛援助協定（MSA）が結ばれ、自衛のための軍備が認められることになり、相互防衛援助計画（MDAP）に伴い、航空機が供与されることになった。陸上自衛隊は保安隊、海上自衛隊は警備隊が母体となったが、航空自衛隊は新編された組織となったので搭乗員や整備の要員確保および教育が急務となったため、保安隊の浜松航空学校卒業生や使用していたT-34メンター、T-6テキサンが航空自衛隊に移管された。

1955年1月20日には相互防衛援助計画に伴い8機のT-33A、16機のC-46D、35機のT-6を受領して本格的な活動が開始され、10月12日には初のジェット戦闘機となるF-86Fを受領した。また、T-33AやF-86Fなどはアメリカからの供与機のほか国内でライセンス生産されたため、供与機とライセンス生産機をハイスピードで受領、飛行隊も続々と誕生した。戦後、アメリカ空軍が実施していた対領空侵犯処置任務（アラート）は1958年2月17日付けで航空自衛隊に移管され、同年5月13日には初のスクランブル発進を記録している。

1957年には最初の防衛力装備計画が策定され、F-86Fの後継機となる次期主力戦闘機（F-X）の選定が盛り込まれた。当時は、ようやくF-86Fの運用が機動に乗り始めた時期だったが、ロッキード社やノースアメリカン社など各社が次期戦闘機の売り込みを積極的に展開、防衛庁でも高性能化する戦略爆撃機や戦闘爆撃機に対抗するための新型戦闘機の導入が急がれ、8月には次期主力戦闘機の調査団をアメリカに派遣した。候補に上がっていたノースアメリカンF-100、グラマンF11F-1F、ロッキードF-104、コンベアF-102/106、ノースロップN-156F（F-5の原型機）が調査の対象で、報告書にはそれぞれの機体の長所や短所が細かく記載され、F-104が有

◀▲残念ながら日付けや詳しい解説が残されていないので詳細は不明だが、2度目のアメリカ視察の際に撮影された写真と思われ、メーカーや米軍の方から説明を聞く調査団が映し出されている。アメリカ空軍でも最新鋭のF-104を目の前にした調査団にはどんな印象だったのか、興味が持たれる。

力候補の1機に上がったが、審査中にエンジントラブルによる墜落事故を起こしたため、F11F-1Fを改良したG-98J-11スーパータイガーが内定された。しかし、この時点でG-98J-11は設計段階で実機が完成していない状態で、1959年6月の国防会議で内定は白紙となった。8月8日から再び調査団をアメリカに派遣した結果、ロッキードF-104を日本向けに改造した機体を採用することを承認すると決まった。決定した理由は、F-104は高性能な上昇力、最高速度がすぐれ、戦闘力が最強、超音速時における操縦の安定性などだったが、射出座席は下向きから上向きに変更、火器管制装置はノースアメリカン製のNASARRに換装などの改良点が指摘された。その後にエンジンはJ79-GE-11Aを搭載、後部にはアレスティングフックの追加などが要求されたが、すでに旧式のJ79-GE-7は生産が終了していたためエンジンは問題はなく、緊急時に2,400m以下の滑走路でも着陸が可能なアレスティングフックはF-104Cや輸出型でも標準装備されたため問題はなかった。

航空自衛隊が制式に採用したのは輸出型のF-104Gの対地攻撃能力などの一部を撤去したタイプで、「JAPAN」の頭文字を取って「F-104J」と命名された。F-104Jの内訳は最初の3機が完成機、ノックダウン17機、ライセンス生産機は160機で、20機が導入された複座型のF-104DJはすべて輸入完成機として受領している。

F-104Jの最大の特徴は、航空自衛隊初の本格的な全天候迎撃戦闘機という点で、火器管制装置はNASARR F-15Jを搭載、レーダーによる目標探知および追跡など空対空迎撃能力は格段に向上。後に半自動管制組織（バッジ・システム）が建設され、機体にはデータ・リンク装置が追加された。固定武装は胴体左側のM61 20mmバルカン砲1門のほかAIM-9サイドワインダー空対空ミサイルが最大4発搭載できた。アメリカ空軍のF-104は主翼先端に搭載する場合が多かったが、航空自衛隊は航続距離を優先するため主翼先端には燃料タンクを装備した関係で、AIM-9サイドワインダーは胴体下面のランチャーに2発搭載する形態が標準で、フェリー時には主翼下面に燃料タンク2本が搭載できた。主翼下面の燃料タンクは緊急時、空中で投棄できた。

航空自衛隊向けのF-104Jの1号機は1961年6月30日にカリフォルニア州バンクーバーのロッキード工場で初飛行。試験飛行を繰り返した後分解されて日本に運ばれ、三菱重工小牧工場で再び組み立てられ1962年3月8日に国内で初飛行に成功した。最初に千歳基地の第2航空団隷下に第201飛行隊が編成され、最終的には千歳の第2航空団隷下に第201/203飛行隊、新田原基地の第5航空団隷下に第202/204飛行隊、小松基地の第6航空団隷下に第205飛行隊、百里基地の第7航空団隷下に第206/207飛行隊の計7個飛行隊が編成されたほか、少数機が航空実験隊に配備された。F-104飛行隊の中で唯一ホームベースを変更したのは第207飛行隊で、1972年の沖縄返還に伴い、百里基地から沖縄の那覇基地に移動、そして最後までF-104Jを運用していた飛行隊としても知られている。

航空自衛隊は、余剰となって岐阜基地の第2補給処で保管されていたF-104Jを無人標的機（フルスケールドローン）に改造を決定、最初の2機は有人飛行が可能な試作改修型で当初はQF-104Jと呼ばれ、1989年12月18日に三菱重工小牧南工場で初飛行に成功、飛行開発実験団によって試験が実施された後、分解されて硫黄島に運ばれている。名称はQF-104JからUF-104Jと改称され、試作型2機はUF-104J、量産型はF-104JAと呼ばれ計14機が改修された。全機、硫黄島で編成された無人機運用隊に配備された（浜松基地の「エアパーク」に展示されている機体は外観のみUF-104JA仕様となっている）。1997年3月までには全機がF-15J/DJまたはF-4EJ改によって撃墜され、直後に同飛行隊は解散している（当時、UF-104J/JAを撃墜した機体には、赤いサソリを描いた撃墜マークが描かれていた）。

用途廃止となったF-104J/DJは相互安全保障法（MAS）に基づき、書類上は40機以上がアメリカに返還されたが、28機程度のF-104J/DJが台湾空軍に再び供与された。

▲F-104は北は北海道から南は九州まで配備され、本土復帰を果たすと沖縄にも配備された。当時は北方重視の時代で、新鋭機は北海道の千歳基地に優先的に配備された（撮影／石原 肇）。

▲第207飛行隊は百里基地で編成されたが、沖縄の本土復帰に伴い那覇基地に移動した飛行隊で、最後までF-104を使用していた飛行隊としても知られている（撮影／石原 肇）。

▲航空機は基本的に左側から搭乗するのが基本だったが、F-104は右側から搭乗する珍しい機体。航空自衛隊は要撃戦闘機としてF-86Dを装備していたが、トラブルに悩まされ稼働率は非常に低かった。F-104の導入に伴い要撃能力は格段と進歩した（撮影／石原 肇）。

LOCKHEED F-104J/DJ STARFIGHTER
F-104J/DJ 写真集

■スタッフ　STAFF

監修　Supervise
●石原肇　Hajime Ishihara

撮影　Photo
●細渕達也　Tatsuya Hosobuchi
●高橋泰彦　Yasuhiko Takahashi
●石原肇　Hajime Ishihara
●安田考治　Kouji Yasuda
●熊沢汎　Hiroshi Kumazawa
●中嶋栄樹　Eiki Nakashima
●航空自衛隊　JASDF
●アメリカ空軍　USAF
●ロッキード　LOCKHEED

文　Text
●石原肇　Hajime Ishihara

イラスト　Drawing
●斉藤久夫　Hisao Saito (P-craft)

編集　Edit
●望月隆一　Ryuichi Mochizuki

デザイン　Design
●貫井孝太郎（貫井企画）　Koutaro Nukui (NUKUI & Co., Ltd)

LOCKHEED F-104J/DJ STARFIGHTER
F-104J/DJ 写真集

2016 年 6 月 30 日　初版発行

編集人　木村学
発行人　松下大介
発行所　株式会社ホビージャパン
〒 151-0053　東京都渋谷区代々木 2 丁目 15 番 8 号
Tel.03-5304-7601（編集）
Tel.03-5304-9112（営業）
URL;http://hobbyjapan.co.jp/
印刷所　株式会社廣済堂

乱丁・落丁（本のページの順序の間違いや抜け落ち）は
購入された店舗名を明記して当社パブリッシングサービス課までお送りください。
送料は当社負担でお取り替えいたします。
ただし、古書店で購入したものについてはお取り替えできません。

Printed in Japan
ISBN978-4-7986-1250-8 C0076

Publisher/Hobby Japan.
Yoyogi 2-15-8, Shibuya-ku, Tokyo 151-0053 Japan
Phone +81-3-5304-7601　+81-3-5304-9112